新型农民现代农业技术与技能培训丛书

桃园艺工培训教材

刘国杰　单守明　编著

金盾出版社

内 容 提 要

本书由中国农业大学农学与生物技术学院教授刘国杰等编著。它作为新型农民培训教材，注重基础理论与实践、专业知识与操作技能相结合，在简要介绍桃园艺工须具备的基本素质和专业基础知识的基础上，重点介绍桃园艺工应掌握的专业知识和操作技能。内容包括桃树品种与砧木选择，桃树苗木繁育，桃园建立，桃园土肥水管理技术，桃树整形修剪技术，桃树花果管理技术，桃树的病虫害防治，果实采收与贮运技术等。文字通俗易懂，内容全面，深入浅出，技术先进实用，可操作性强。通过培训或自学，可使桃园艺工初步掌握桃树栽培管理技术，具备桃树生产管理的业务能力和技术素质。

图书在版编目(CIP)数据

桃园艺工培训教材/刘国杰，单守明编著．—北京：金盾出版社，2008.9

（新型农民现代农业技术与技能培训丛书）

ISBN 978-7-5082-5225-4

Ⅰ.桃… Ⅱ.①刘…②单… Ⅲ.桃-果树园艺-技术培训-教材 Ⅳ.S662.1

中国版本图书馆 CIP 数据核字(2008)第 129635 号

金盾出版社出版、总发行

北京太平路 5 号(地铁万寿路站往南)

邮政编码:100036　电话:68214039　83219215

传真:68276683　网址:www.jdcbs.cn

封面印刷:北京精美彩色印刷有限公司

正文印刷:北京蓝迪彩色印务有限公司

装订:北京蓝迪彩色印务有限公司

各地新华书店经销

开本:850×1168 1/32　印张:5.875　字数:150 千字

2008 年 9 月第 1 版第 1 次印刷

印数:1—10000 册　定价:10.00 元

目　　录

目　录

第一章　桃园艺工的岗位职责与素质要求

一、岗位职责

（一）桃园艺工培训目标

通过专业基础理论知识学习和实际操作技能训练，使学员了解和掌握桃树栽培管理的基本知识和基本技能，了解桃的种类、品种及生长发育规律，以及对环境条件的要求，学习和掌握桃树的苗木繁殖技术；掌握桃树的建园技术、土肥水管理技术、整形修剪技术、花果管理技术；熟练掌握桃树主要病虫害和自然灾害的综合防治技术；了解并掌握桃果的采收、贮藏技术。通过专业理论知识学习和操作技能培训，使学员和读者在生产上能够独立操作或指导桃的生产，及时发现和解决桃生产中的实际问题，起到科技骨干或科技能手的作用，具备桃园艺工的工作水平和能力。

（二）所负职责

为了进一步加强农村农业技术队伍建设，健全农技推广网络体系，更好地调动村级农技员的工作积极性和主动性，更好地服务于农业生产第一线，在对桃园艺工进行全面培训的基础上，还应认真落实岗位职责，制定奖惩政策，使其在桃生产中发挥应有的作用。

1. 当好农村政策的宣传员　积极宣传党在农村的富民政策，引导农民勤劳致富，积极参加各种农业技术培训和国家富民政策的学习。

2. 当好农业技术的指导员 爱岗敬业，根据农事季节，深入田间地头开展技术指导，积极促进农业新技术及桃生产新技术的推广，勇作科技示范户和带头人。

3. 当好农业信息员 积极收集和提供果品供求信息，为广大果农解决销售难的后顾之忧，及时准确地了解果树生产基本数据，当好农业统计部门的联络员。

4. 当好农业新技术示范员 带头积极参加各级农业技术部门布置的各种试验和示范，严格按照要求操作，保质保量完成任务，拓宽农民增收渠道。

5. 积极学习桃园艺工专业技术 要有计划地安排业务学习，钻研业务，不断地提高自己的业务能力和技术水平。

6. 认真履行职责 以高度的责任心来完成桃园艺工的岗位职责。

二、素质要求

(一)职业道德

职业道德在职业生涯中具有极其重要的意义，任何想很好地完成本职工作、成为本行业行家里手的人，都必须具有良好的职业道德。随着社会主义市场经济的发展，道德教育问题已成为国家和社会十分关注的重要问题。作为桃园艺工，应紧密结合发展社会主义市场经济的新要求，努力加强职业道德修养，不断提高职业道德水平。

农业具有很强的自然属性，受气候、节气时令的影响很大。因此，要求所有工作在农业行业中的人员，具有尊重自然、保护生态的道德意识。在对自然界内在的、本质的、固有的、必然的趋势逐渐把握的同时，也应深刻地意识到对自然驾驭的前提是尊重自然规律，维护生态平衡。人类只有善待自然环境，才能与其和谐共存，可持续发展。农业生产还要求其各行各业中的人员具有尊重科学、科技兴农的道德意识。农业的发展离不开科技的支持，没有科技支持的农业是无法发展的，先进的现代科学技术渗透到现代农业的每一个环节。

职业道德应该遵循和体现职业特征，体现社会要求与个性发展的统一。其主要构成要素有：职业理想，工作态度，职业责任，职业技能，工作纪律，工作作风等几个方面。

要做好一名合格的树园艺工，还必须具备吃苦耐劳的精神。果树生长在自然环境中，要掌握桃树生长发育规律，就要克服冬天的严寒、夏天的酷暑，认真观察，辛勤操作，时时掌握生产动态，才能做好桃园艺工的工作。

(二)法律常识

我国是一个法治社会，国家正在逐步建立和完善各种法律制度。其中农业行业已颁布了多项法律法规，广大农业科技工作者必须充分了解相关的法律法规，并且在工作过程中时刻用法律来规范自己的行为。主要相关法律法规有：《中华人民共和国农业法》和《中华人民共和国植物新品种保护条例实施细则》、《食品标识管理规定》、《中华人民共和国劳动合同法》、《中华人民共和国农产品质量安全法》、《中华人民共和国科学技术普及法》、《中华人民共和国种子法》、《中华人民共和国农业技术推广法》、《中华人民共和国进出境动植物检疫法》和《中华人民共和国环境保护法》等。另外，各省、直辖市、自治区还有各种地方法规、政策等。

(三)专业素质

对桃园艺工来说，所谓专业素质主要是指较全面的桃树基础理论知识和专业技能方面的素质。桃园艺工应具备从事桃树栽培生产的专业素质，不同级别的桃园艺工要求有所不同。

1. 基本知识 了解桃树栽培概况和发展趋势，桃树的植物学特征及其生长发育特性，桃树对温度、光照、水分、土壤与营养等环境条件的要求，昆虫基本知识，病害基本知识，农药基本知识，桃果采收和加工的基本知识等。

2. 桃树栽培技术 能进行桃优良品种与砧木的选择，掌握和运用桃树苗木繁殖方法与技术，桃园建立技术，桃园土肥水管理技术，桃树整形修剪技术，桃树花果管理技术，桃树病虫害与自然灾害的综合防治技术和桃果实的采收、贮藏技术等。

3. 实践能力 要具有善于观察、及时发现问题、解决问题的能力。

思考题

1. 桃园艺工所负的职责有哪些？
2. 作为一名桃园艺工应具备哪些专业素质？

第二章　桃园艺工须具备的基础知识

一、桃树栽培生物学基础

(一)桃树的主要产区及栽培区划

在我国，北起黑龙江，南到广东，东到台湾，西到新疆和西藏，都有桃树栽培。栽培面积较大的省、直辖市是山东、河北、辽宁、河南、湖北、四川、江苏、陕西、浙江和北京等地。山东的肥城与青州，河北的深州，甘肃的宁县与张掖，江苏的太仓与无锡，浙江的奉化与宁波等地，都是著名的传统桃产区。北京的平谷，河北的顺平、乐亭与临漳，山东的蒙阴，是目前新发展的桃产区代表。我国桃主产省、直辖市的桃树栽培面积及产量如表 2-1 所示。

表 2-1　2006 年我国桃主产省、直辖市栽培面积及产量　（单位：千公顷，万吨）

省市	山东	河北	河南	湖北	四川	江苏	陕西	安徽	辽宁	北京
面积	114.3	94.0	64.4	39.3	36.5	31.3	26.9	24.0	21.2	17.9
产量	215.6	131.7	65.0	48.4	33.0	35.0	32.6	31.2	41.8	30.0

资料来源：农业部统计数字

根据各地的生态条件和桃分布现状及其栽培特点，《中国果树志》的桃卷，将中国桃产区划为 7 个栽培区：西北高旱桃区，华北平原桃区，长江流域桃区，云贵高原桃区，青藏高寒桃区，东北高寒桃区，华南亚热带桃区。其中前 5 个为适宜栽培区，后 2 个为次适栽培区。

1. 西北高旱桃区　本区位于中国西北部，包括新疆、陕西、甘肃和宁夏等地，海拔较高，属于大陆性气候的高原地带，季节分明，气温变化剧烈；降水量稀少，年降水量为250毫米左右，空气干燥；夏季高温，冬季寒冷，极端最低气温常在－20℃以下。生长季节短，无霜期约为150天，晚霜在4月中旬至5月中旬之间，有时正逢花期，易造成霜害。

2. 华北平原桃区 本区处于淮河、秦岭以北，地域辽阔。包括北京、天津、河北大部、辽宁南部、山东、山西、河南大部、江苏和安徽北部。年平均气温为10℃～15℃，夏季温度由东向西渐高，冬季气温自南向北渐低，无霜期为200天左右。年降水量为600～900毫米。

根据气候条件的差异，本区又可分为大陆性桃亚区，包括北京、河北石家庄和山东泰安等地；暖温带桃亚区，包括山东菏泽和临沂，河南郑州、开封和周口，江苏徐州和淮阴，安徽萧县等地；海洋性桃亚区，包括辽宁大连，天津，河北秦皇岛，山东烟台和青岛等地。

本区是中国北方桃树主要经济栽培区，重视栽培技术，管理水平较高，土层深厚，排水良好，树冠高大，产量较高。

蜜桃品种和北方硬肉桃品种，主要分布于本区。其著名品种有肥城桃、深州蜜桃、青州蜜桃、石窝水蜜、五月鲜、割谷桃和太白桃等。国外引进的和国内选育的油桃品种也栽培较多，而且适应性强，品质较好。由于轻工业原料的需要，从20世纪70年代初期开始，罐藏黄桃的种植面积不断扩展，形成了几个较大罐藏桃基地，如辽宁大连地区，河南郑州和周口地区，安徽萧县地区等。

3. 长江流域桃区 本区位于长江两岸，包括江苏南部、浙江、上海、安徽南部、江西和湖南北部、湖北大部及成都平原与汉中盆地，正处于暖温带与亚热带的过渡地带。雨量充沛，年降水量在1 000毫米以上，地下水位高。年平均气温为14℃～15℃，生长期长，无霜期在250～300天。

本区桃树栽培普遍，是中国南方桃树主要生产基地，实行集约栽培，种植较密，管理精细。江、浙一带为增进果品质量和预防病虫，普遍采用疏果、套袋措施，并用毛桃为砧木进行嫁接繁殖。

4. 云贵高原桃区 本区包括云南、贵州和四川的西南部，纬度低，海拔高，形成立体垂直气候。夏季冷凉多雨，7月份平均气温在25℃以下，冬季温暖干旱，气温在1℃以上。年降水量为1 000毫米左右。

本区桃树多栽培于海拔1 500米左右的山坡，以云南分布较广，呈贡、晋宁、曲靖、宜良、宣威和蒙自为集中产区，但多为粮、桃间作，以粮为主。

本区是中国西南黄桃的主要分布区，著名品种有呈贡黄离核、大金旦、黄心桃、黄粘核和波斯桃等，粘核质韧者适于加工制罐。白桃有二早桃、早白桃、白绵胡和泸定香桃等品种。

5. 青藏高原桃区 本区包括西藏、青海大部和四川西部，为高原地带，海拔多在3 000米以上，地势高，气温低，降水量少，气候干燥。桃树栽植于海拔2 600米以下的高原地带，多行实生繁殖，管理粗放，产量较低，果形偏小，以硬肉桃居多，如夏至桃、六月红、早桃和青桃等。在西藏东部及四川西部的木里等地，野生光核桃甚多，也有成片栽植，可供生食或制干。

6. 东北高寒桃区 本区位于北纬41°以北，是中国最北的桃区，生长季节短，无霜期为125～150天，气温和降水量虽能满足桃树生长及结果的需要，但冬季漫长，气候严寒，极端最低气温常在－30℃以下，并伴随干风，桃树易受冻害，影响产量，严重者树体冻伤死亡，故一般栽培很少。只有黑龙江的海伦、绥棱、齐齐哈尔和哈尔滨，吉林的通化和张山屯等地，采用匍匐栽培，覆土防寒，方能越冬。在延边的延吉、和龙和珲春一带，分布有能耐－30℃严寒的延边毛桃，无需覆土防寒，也能安全越冬。其中果形大，风味较好的珲春桃，为抗寒育种的珍贵种质。

7. 华南亚热带桃区 本区位于北纬23°以北，长江流域以南，包括福建、江西、湖南南部、广东、广西北部和台湾，夏季湿热，冬季温暖，属亚热带气候。年平均气温为 17℃～22℃，1 月份平均气温在 4℃以上，无霜期长达 300 天以上。降水量为 1 500～2 000 毫米。本区桃树栽培较少，适于一些对低温需求量少的品种生长。生产上以硬肉桃居多，如砖冰桃、鹰嘴桃和南山甜桃等。近 10 余年来，利用高海拔的自然条件，已引进了水蜜桃类型的新品种进行栽培。

（二）桃树的形态特征

桃属于蔷薇科李属桃亚属植物，为落叶性小乔木，干性弱，树姿开张，树高 3～5 米，自然生长时呈圆头形。

1. 根 桃树根系属浅根性，其垂直分布范围集中在 20～40 厘米深的土壤范围内；桃树根系的水平分布范围较广，如以树干为中心，其分布半径可超过 2.5 米，但水平范围集中分布区为半径 1.5 米以内。桃树根系垂直分布及水平分布的范围，受砧木、品种、土壤条件、栽培密度以及地下水位等多种因素的影响。

2. 芽 桃树的芽可分为花芽和叶芽。从形态上看，叶芽小而尖，而花芽大且饱满。桃树的花芽为纯花芽，芽内只有花原始体，萌发后只开花而不能抽生枝叶，且一个花芽中只有一朵花。

根据枝条上同一节位芽的数量和种类，桃树的芽又可分为单芽和复芽。发育正常、成熟充分的桃树，其 1 年生枝条上的芽多为复芽，并且大多数在同一节上有三个芽，少数为两个或一个芽。最多的为两端是花芽，中间为叶芽；但也有三个都是花芽或一个花芽两个叶芽、三个叶芽等多种情况。

不同品种、树龄以及栽培条件，对桃树芽的形态、花芽与叶芽的比例以及分布影响较大。北方桃品种群多单花芽，花芽起始节位高，但随着树龄的增长，复花芽变多，起始节位变低；而南方桃品种群复花芽多，花芽起始节位低。

桃树的叶芽具有早熟性，即当年形成的芽在当年即可萌发。

3. 枝　桃树生长量大，1 年生枝最长可达 2 米以上。另外，由于桃树的芽具有早熟性，因此发生副梢的数量很大。桃树的 1 年生枝根据发育状况，可分为徒长枝、发育枝、结果枝和单芽枝。结果枝因其长短不同，可分为徒长性结果枝、长果枝、中果枝、短果枝和花束状果枝。不同的品种其主要结果枝种类也不同。

桃树的枝条一般长 5～80 厘米，粗 0.2～2.5 厘米。1 年生枝条绿色略带暗红色。

4. 叶　桃叶在新梢上为单叶互生，形状为长圆披针形。桃叶片的颜色与品种类型有关，白肉桃桃树叶片为绿色，黄肉桃桃树叶色为黄绿色。少数品种萌发后，叶片即为红色，如观赏桃中的红叶桃。

5. 花与果　桃花的形状主要有两类：蔷薇形和铃形。桃具有自花结实能力。但有些桃品种的花，雄蕊败育，没有花粉，形成雌能花，这些品种在种植时需要配置授粉树。

桃果实的大小、发育期、果肉颜色、果肉质地、外观颜色，以及是否有毛，因品种不同而差异很大。从大小看，单果重从数克到数百克不等；果实发育期为 60～160 天；果肉可分为黄肉、白肉和红肉，从肉质上又可分为软溶质、硬溶质、不溶质以及硬脆质。目前，为了贮运的需要，不溶质及硬脆质桃品种种植面积较大。在我国长江流域，软溶质及硬溶质品种较多。从果皮上是否有毛来区分，桃可分为油桃和毛桃。油桃果皮光滑无毛，而毛桃果皮上生有绒毛。从果形上区分，可分为蟠桃和普通桃，蟠桃果形为扁圆形，而普通桃为圆形、卵圆形或椭圆形。

（三）桃树的物候期

春天，当地温上升到 5℃左右时，桃树的根系开始生长，在 15℃以上能旺盛生长，22℃时生长最旺盛，26℃时根系生长完全停止。在一年中，桃树的根系生长有三次高峰：第一次在开花后 1 个月之内达最高峰，5 月下旬至 6 月初根系停止生长；第二次在 7 月份，但生长量较小，8～9 月份根系再次停止生长；第三次在 10 月份，直至 11 月份树体落叶为止。

桃树花期的平均气温一般在 10℃以上，适宜的温度为 12℃～14℃。花期一般持续 1 个星期左右，时间的长短主要受温度的影响。桃果实生长发育呈双“S”曲线，时期分别用Ⅰ、Ⅱ和Ⅲ表示。第Ⅰ次时期是果实第一次快速膨大期，时间为 30～40 天；第Ⅱ次时期是果实缓慢生长期，主要是果核硬化，早熟品种的此次时期不明显，晚熟品种此次时期较长，一般为 6～8 周。第Ⅲ次时期为果实二次快速生长时期，此时期果实增重 80%以上。

在自然状况下，桃树在冬季需进行自然休眠，才能实现翌年正常的萌芽、生长、开花和结果，而通过自然休眠所需的低温时数称为需冷量。桃树的需冷量在 50～1 200 小时之间。一般来讲，低于 400 小时的是短低温品种，适宜于在南方地区栽培。需冷量大于 600 小时的品种适宜于在北方地区栽培。

（四）桃树的生态环境条件

桃树原产于我国西北地区，因此多数品种只能在长江以北地区栽培。一般品种能抵抗－22℃～－25℃的低温。有些品种甚至能耐－30℃的低温，因此，在东北的延边地区也能栽培。由于桃树在一些冬季较温暖的地区长久适应，加之现代育种对桃品种的改良，使之在一些可栽培柑橘、油橄榄的亚热带地区也能栽培桃树。桃树喜光，在光照良好的条件下，才能正常地生长发育。光照不良时，造成枝叶徒长，枝弱，寿命短，内膛易光秃；花芽形成少，质量差；落花落果严重；果实着色少，品质差等现象。桃树抗旱性强，不耐涝，但也能耐潮湿环境。一般土壤均能栽培桃树，但它喜砂壤土和壤土。土壤黏重，则通透性差，所栽植桃树易患流胶病和颈腐病。土壤 pH 值为 4.5～7.5 时适宜于栽培桃树。桃树对盐碱地适应性差，在盐碱地上栽培时植株易患缺素病。

二、桃果的质量标准及认证

(一)桃果的无公害食品标准及质量认证

无公害食品，是产地生态环境清洁，按照特定的技术操作规程生产，将有害物含量控制在规定标准内，并由授权部门审定批准，允许使用无公害标志的食品。

无公害食品注重产品的安全质量，其标准要求不是很高，涉及的内容也不是很多，适合我国当前的农业生产发展水平和国内消费者的需求。对于多数生产者来说，达到这一要求不是很难，这是绿色无公害食品的起步标准。

无公害水果产地，应选择在生态环境良好，不受污染源影响，或污染物限量控制在允许范围内，生态环境良好的农业生产区域。果园灌溉水质量指标应符合表 2-2 的要求，要由法定检测机构对水质进行定期监测和评价，灌溉期间采样点应选在灌溉水口上；氰化物的指标数值为一次测定的最高值，其他各项指标为灌溉期多次测定的平均值。土壤质量指标应符合表 2-3 的要求，一般 1～2 公顷为一个采样单元，采样深度为 0～60 厘米，多点混合(5 个点)为一个土壤样品。空气质量指标应符合表 2-4 的要求。桃果中农药及其他有害物质的残留最高限量应符合表 2-5 的要求。

表 2-2　农田灌溉水质量指标

项　目	氯化物	氰化物	氟化物	总汞	总砷	总铅	总镉	铬	石油类	pH 值
最大限量(毫克/升)	250	0.5	3	0.001	0.1	0.1	0.005	0.1	10	5.5～8.5

表 2-3　土壤质量指标

pH 值	有害物质最大限量(毫克/千克)						
	总　汞	总　砷	总　铅	总　镉	铬	六六六	滴滴涕
pH≤6.5	0.3	40	250	0.3	150	0.5	0.5
pH6.5～7.5	0.5	30	300	0.3	200	0.5	0.5
pH≥7.5	1	25	350	0.6	250	0.5	0.5

表 2-4　空气质量指标

项　目	日平均限量	小时平均限量
总悬浮微粒(毫克/米^3)	0.3	
二氧化硫(毫克/米^3)	0.15	0.5
氮氧化物(毫克/米^3)	0.12	0.24
氟化物(毫克/米^3)	月平均 10	
铅(毫克/米^3)	季平均 1.5	季平均 1.5

表 2-5　无公害水果农药残留、重金属及其他有害物质最高限量

项　目	限量指标(毫克/千克)	项　目	限量指标(毫克/千克)	项　目	限量指标(毫克/千克)
马拉硫磷	不得检出	杀螟硫磷	0.4	砷(以 As 计)	0.5
对硫磷	不得检出	倍硫磷	0.05	汞(以 Hg 计)	0.01
甲拌磷	不得检出	辛硫磷	0.05	铅(以 Pb 计)	0.2
久效磷	不得检出	百菌清	1	铬(以 Cr 计)	0.5
氧化乐果	不得检出	多菌灵	0.5	镉(以 Cd 计)	0.03
甲基对硫磷	不得检出	氯氰菊酯	2	锌(以 Zn 计)	5
克百威	不得检出	溴氰菊酯	0.1	铜(以 Cu 计)	10
水胺硫磷	0.02	氰戊菊酯	0.2	氟(以 F 计)	0.5

续表 2-5

项　目	限量指标（毫克/千克）	项　目	限量指标（毫克/千克）	项　目	限量指标（毫克/千克）
六六六	0.1	三氟氯氰菊酯	0.2	亚硝酸盐（以 $NaNO_2$ 计）	4
DDT	0.1	抗蚜威	0.5	硝酸盐（以 $NaNO_3$ 计）	400
敌敌畏	0.2	除虫脲	1		
乐　果	1	双甲脒	0.5		

（二）桃果的绿色食品标准及质量认证

绿色食品，是遵循可持续发展原则，按照特定生产方式生产，经专门机构认证，许可使用绿色食品标志的无污染的安全、优质、营养类食品。无污染、安全、优质、营养是绿色食品的特征。无污染是指在绿色食品生产、加工过程中，通过严密监测、控制，防范农药残留、放射性物质、重金属和有害细菌等对食品生产各个环节的污染，以确保绿色食品产品的洁净。绿色食品的优质特性，不仅包括产品的外包装水平高，而且还包括内在质量水准高。产品的内在质量又包括两方面：一是内在品质优良，二是营养价值和卫生安全指标高。

这类标准具有内容系统、制订科学、指标严格、控制项目多样等特点。它以全程质量控制为核心，对绿色食品产前、产中和产后全过程的质量控制技术和指标，作了全面的规定，构成了一个科学、完整的标准体系。桃果绿色食品，也必须不折不扣地一一符合这些标准。

绿色食品产地环境质量是影响绿色食品质量的最基础因素。

应选择空气清新、水质纯净、土壤未受污染，具有良好农业生态环境的地区。绿色食品产地应远离工矿区和公路、铁路干线，避开工业和城市污染源的影响，并具有可持续发展的条件。桃果绿色食品的产地，也只有符合绿色食品产地环境质量标准，所生产的桃果才能成为合格的绿色食品。

大气质量评价采用国家大气环境质量标准 GB 3095—1996 所列的一级标准。主要评价因子包括总悬浮微粒(TSP)、二氧化硫(SO_2)、氮氧化物(NO_x)和氟化物，具体指标见表 2-6。农田灌溉用水评价采用国家农田灌溉水质标准 GB 5084—1992，具体指标见表2-7；加工用水采用生活用水标准 GB 5749—1985，主要评价因子包括常规化学性质(pH、溶解氧)、重金属及类重金属(Hg、Cd、Pb、As、Cr、F、CN)、有机污染物、有机氯等和细菌学指标(大肠杆菌、细菌)。产地土壤没有农药残留污染，同时要求有较高的土壤肥力。要求土壤中各项污染物含量不超过表 2-8 的指标。

表 2-6 绿色食品产地空气中各项污染物的限量指标

项目(毫克/米^3)	日平均	1 小时平均
总悬浮微粒	0.3	
二氧化硫	0.15	0.5
氮氧化物	0.1	0.15
氟化物(微克/厘米^2/天)	7	20

表 2-7 绿色食品生产灌溉水中各项污染物的限量指标

项 目	pH 值	总汞	总镉	总砷	总铅	铬	氟化物	大肠杆菌
指标(毫克/升)	2.5～8.5	0.001	0.005	0.05	0.1	0.1	2	10000(个/升)

表 2-8　绿色食品生产土壤中各项污染物的限量指标

污染物	限量(毫克/千克)		
	pH≤6.5	pH 6.5～7.5	pH≥7.5
镉	0.3	0.3	0.4
汞	0.25	0.3	0.35
砷	25	20	20
铅	50	50	50
铬	120	120	120
铜	50	60	60

(三)桃果的有机食品标准及质量认证

有机食品，是根据有机食品种植标准和生产加工技术规范，而生产的、经过有机食品认证组织认证并颁发证书的一切食品和农产品。国家环保总局有机食品发展中心(OFDC)认证标准中有机食品的定义是：来自于有机农业生产体系，根据有机认证标准生产、加工、并经独立的有机食品认证机构认证的农产品及其加工品等。《OFDC有机认证标准》是对有机生产、加工和贸易的基本要求，包括有机农业生产的环境条件，有机农业转换与有机农产品生产技术规范，有机食品的贮藏、加工、运输、销售和检测技术规范等内容。桃果只有达到了以上质量标准，并且获得了权威的认证，才是合格的有机食品桃。

有机农业生产基地的空气，应符合国家大气环境质量一级标准GB 133095(表 2-9)，果园灌溉用水水质应达到表 2-10 的要求，土壤耕性应当良好，无污染并符合国家标准 GB 15618—1995 中的二级标准(表 2-11)，采取严格措施，防止可能来自系统外的污染。桃果生产基地也同样要符合以上各项标准，只有这样，才能生产出合格的有机食品桃。

表 2-9　有机农业生产基地大气环境质量指标

项　目	限量(毫克/米^3)			
	日平均	任何一次	年日平均	1 小时平均
总悬浮微粒	0.15	0.3		
飘　尘	0.05	0.15		
二氧化硫	0.05	0.05	0.02	
氮氧化物	0.05	0.1		
一氧化氮	4	10		
光化学氧化剂				0.12

表 2-10　有机农业生产基地灌溉水质量指标　(单位:毫克/升)

项目	pH	汞	镉	砷	铅	铬	氯化物	硫酸盐	硫化物	氟化物	氢化物	石油类	有机磷农药	六六六	滴滴涕	大肠杆菌
限量指标	5.5～5.8	0.001	0.005	0.05	0.1	0.1	250	250	1	2	0.5	5	不得检出	不得检出	不得检出	10000(个/升)

表 2-11　有机食品生产土壤环境质量要求

土壤 pH 值		<6.5	6.5～7.5	>7.5
镉　≤		0.30	0.60	1.0
汞　≤		0.30	0.50	1.0
砷	水田　≤	30	25	20
	旱地　≤	40	30	25
铜	农田等　≤	50	100	100
	果园　≤	150	200	200
铅　≤		250	300	350

续表 2-11

土壤 pH 值		<6.5	6.5～7.5	>7.5
铬	水田　≤	250	300	300
	旱地　≤	150	200	250
锌　≤		200	250	300
镍　≤		40	50	60
六六六　≤		0.50	0.50	0.50
滴滴涕　≤		0.50	0.50	0.50

注：①重金属（铬主要是三价）和砷均按元素量计，适用于阳离子交换量>5cmol(+)/kg 的土壤，若≤5cmol(+)/kg，其标准值为表内数值的半数

②六六六为四种异构体总量，滴滴涕为四种衍生物总量

③水旱轮作地的土壤环境质量标准，砷采用水田值，铬采用旱地值

思考题

1. 根据自然生态条件，我国桃产区划分为几个栽培区，各有什么特点？

2. 桃树花芽的特点有哪些？

3. 桃果生长发育有何特点？

4. 桃果的无公害食品标准有哪些？

第三章 桃树品种与砧木的选择

一、专业知识

(一)优良品种的标准

1. 优良品种的基本性状 优良品种最基本的要求是,在适应地能有良好的生长发育特性,对自然灾害和病虫害能有一定的抵抗能力,最重要的是能早产,丰产,品质优良,管理方便。新品种在某种或某些性状上应当超过老品种,或具有老品种没有的优点。但任何一个新品种或良种都不可能是完美的,尤其是品质、抗病性或适应性上都是有限的。

2. 地区优良品种的优点及局限性 地方优良品种具有许多优点,首先是对当地自然环境条件有很好的适应性,生长健壮,抗性强,丰产性强。许多地方性品种往往具有某些比较鲜明的特点。但地方品种的局限性也较多,主要是其适应性不广,在其他地区引种时不是生长不健壮,就是品质下降,因此也就限制了地方品种的发展。

(二)优良品种介绍

我国桃品种资源非常丰富,据不完全统计,桃品种有1 000余个。汪祖华等 1990 年将我国的桃品种划分为 6 个品种群,即硬肉桃品种群,蜜桃品种群,水蜜桃品种群,蟠桃品种群,油桃品种群和黄桃品种群。

除以上分类外,在生产上常根据不同的需要对桃品种进行分类，如根据果实的用途，可将桃分为鲜食品种、加工品种及兼用品种；根据果实的成熟期，可将桃分为早熟品种、中熟品种、晚熟品种和极晚熟品种等。

1. 鲜食桃优良品种

(1)普通鲜食桃优良品种

①春雷(沪 005)：由上海市农业科学院园艺研究所选育。成熟期早，果实发育期 56 天，平均单果重 70 克，最大果重 100 克。果实长卵形，果顶尖、缝合线浅或不明显，果皮乳白色、顶部或阳面有红晕，果肉白色，软溶质，汁液量中等，风味淡微酸，可溶性固形物含量 8%～11%，核软。树势健壮、树冠大、成枝力强、新梢生长量大，以中长果枝结果为主，复花芽、坐果率高，生理落果轻，丰产性好、树体适应性强。在果实成熟过程中存在成熟不一致现象，果顶部先成熟，出现软尖，影响贮藏运输。

②早花露：由江苏农业科学院园艺研究所选育。果实发育期 56～58 天，平均单果重 86.5 克，最大果重 125 克，果实近圆形、整齐、果顶圆平、缝合线浅、果皮乳黄色、果面有红晕。果肉乳白色、软溶质、多汁、味甜有香气，可溶性固形物为 11%～13.2%。半离核。树势健壮、树姿开张，成枝力中等，徒长枝少；复花芽，坐果率高，早果、丰产性好，树体适应性强。

③秦蜜：由陕西省果树研究所选育。果实生长发育期 61～63 天，特早熟品种，在西安地区于 6 月上旬成熟。平均果重 105 克，最大果重 135 克。果实近圆形，果顶微尖。果皮乳白色，果顶及阳面有红色条晕。果肉白色，汁液中等，可溶性固形物 10%左右。粘核。树姿半开张，生长旺盛，萌芽力和成枝力强，各类果枝均能结果，但以长中果枝结果为主；复花芽多，早果性能好。

④新星：由河北农业大学园艺系选育。果实生长发育期 58～65 天，特早熟品种，在当地于 6 月中旬成熟。平均果重 78.5 克，最大果重 200 克。果实阔卵圆形，果顶微凹，缝合线浅。果皮黄

色，果面鲜红色晕。果肉乳白色，溶质，多汁，香气浓，可溶性固形物9.5%～11.5%。粘核。树姿开张，树势中庸。以中长果枝结果为主，复花芽多。

⑤江都1-6：由江苏江都果木良种场选育。果实生长发育期66天左右，特早熟品种，在江都地区于6月15日成熟。平均果重107.3克，最大果重182.1克。果实长圆形，缝合线浅。果皮乳白色，阳面着红霞。果肉乳白色，稍带红色素，硬溶，汁多，香味浓。可溶性固形物10%～12%。半粘核。树姿开张，以中短果枝结果为主。复花芽多，较丰产。

⑥双丰：由北京市农林科学院林果研究所选育。果实生长发育期为60～65天，特早熟品种，在北京于6月13日左右成熟。果实较大，平均果重107克，最大果重121克。果实椭圆形，缝合线浅。果皮绿白色，具点状红晕。果肉乳白色，柔软多汁，可溶性固形物10%左右。粘核。树姿半开张，植株生长中庸。各类果枝结果均好。复花芽为主，丰产。

⑦京春：由北京市农林科学院林果研究所选育。果实生长发育期60～65天，特早熟品种，在北京于6月15日左右成熟。果实大，平均果重131克，最大果重150克。果实圆形，果顶圆，缝合线浅。果皮黄白色，阳面具红色条纹。果肉白色，阳面稍有红色，肉质柔软多汁，可溶性固形物9.5%～10%。粘核。树姿半开张，植株生长中庸。各类果枝结果均好。复花芽多，丰产性能好。

⑧北农早艳：由北京农业大学选育。在北京地区于7月初成熟，平均单果重134克，最大250克。果实近圆形，果顶微凹，缝合线浅，果形整齐，果皮浅黄绿色、具鲜艳红晕。果肉绿白色，硬熟期肉质脆，成熟期柔软多汁，有香气、品质上等。粘核。树姿半开张，植株生长健壮，复花芽多、丰产性好。

⑨麦香（京早2号）：由北京市农林科学院林果研究所选育。果实发育期73天，果个中等，平均单果重130克，最大160克，果

实近圆形，果顶圆，缝合线浅，果皮乳白色，果面有点状红晕或条纹，果肉乳白色，肉质细而软、汁多酸甜可口。粘核。树姿开张，成枝力中等，长果枝结果为主。复花芽多，丰产性能极好，树体适应性强。

⑩庆丰(北京26号)：由北京市农林科学院林果研究所选育。早熟品种，在北京地区于6月下旬至7月上旬成熟。平均果重130～150克，最大果重200克。果实长圆形，果顶微凹，缝合线浅。果皮淡黄绿色，果实阳面有红色或深红色细点状晕，或具有红色条纹。果肉乳白色，阳面红色，近核处淡绿色，硬熟期肉质脆，成熟时柔软多汁，味香甜，可溶性固形物9%～12%，品质上等。粘核。树姿半直立，植株生长健壮，成枝力较强，各类果枝结果均表现较好。复花芽多，丰产性能极好。

⑪雨花露：由江苏省农业科学院园艺研究所选育。果实成熟期早，在南京地区于6月中旬成熟。平均果重125克，最大果重200克。果实长圆形，缝合线凹入过顶。果皮乳黄色，果顶着淡红色细点形成红晕。果肉乳白色，柔软多汁，可溶性固形物10.8%～12%，香气浓。半离核。树姿开张，树势健壮，成枝力强，各类果枝结果均表现较好。复花芽多，坐果率高，丰产性好。

⑫朝霞：由江苏省农业科学院园艺研究所选育。早熟，在南京地区于6月中旬成熟。平均果重150克。果实长圆形，缝合线中深。果皮乳黄色，果顶红晕。果肉白色，肉质细，多汁，可溶性固形物10%。粘核。树姿半开张，树势健壮，以长中果枝结果为主。复花芽多，坐果率高，丰产性好。

⑬砂子早生：日本品种，早熟，在南京地区6月下旬成熟，在北京地区于7月上旬成熟。平均果重184克，最大果重240克。果实圆形，果顶圆，两峰稍隆起，缝合线中深。果皮乳黄色，顶部及阳面有红霞。果肉乳白色，肉质致密，汁液中等，纤维粗，香气浓，甜酸可口。半离核。树姿开张，树势中等。以中、短果枝结果为

主。复花芽多,丰产性能好,无花粉,应配植授粉品种树。

⑭京红(北京1号):由北京市农林科学院林果研究所选育。早熟,在北京地区于6月下旬至7月上旬成熟。平均果重140～160克,最大果重250克。果实圆形,果顶圆,缝合线浅。果皮黄白色稍绿,阳面有鲜红色点状晕,间有断续条纹。果肉乳白色,阳面红色,近核处淡绿色,肉质致密,成熟时柔软多汁,味甜,品质上等。粘核。树姿半直立,植株生长健壮。中短果枝结果。复花芽多,丰产性能好。果实品质优良,且耐贮运。

⑮早久保(香山水蜜):中熟品种。在北京地区于7月中旬成熟。平均果重150～200克,最大果重290克。果实近圆形,果顶圆,微凹,缝合线浅。果皮淡黄绿色,阳面有鲜红色条纹及点状晕。果肉乳白色,近皮部分布有少量红色,近核处稍红,硬熟时果肉脆,完熟时柔软多汁,味甜,有香气,品质上等。半粘核。树姿开张,成枝力弱。中短果枝结果。复花芽多,丰产性能好。本品种果实大,品质优良,且耐贮运。

⑯大久保:原产于日本。中熟品种。在北京地区果实于8月初成熟。平均果重200克,最大果重可达500克。果实近圆形,果顶圆微凹,缝合线浅。果皮黄绿色,阳面有红晕。果肉乳白色,近核处稍有红色,肉硬溶质,成熟时柔软多汁,味甜,有香气。离核。树姿开张,树势中等偏弱,枝条柔软,易下垂。以长果枝结果为主。复花芽多,丰产性能好。本品种果实大,品质优良,且耐贮运。在多雨的南方表现不好。

⑰京玉:由北京市农林科学院林果研究所选育。在北京地区于8月上旬成熟。平均果重150克,最大果重230克。果实长圆形,果顶圆,缝合线中深。果皮浅黄绿,阳面着少量深红晕,背面带少量条纹。果肉白色,近核处有红色素,硬溶质,汁少,味甜。离核。树姿半开张,植株生长健壮。中短果枝结果。复花芽多,丰产性能好。为鲜食与加工兼用型品种。耐贮运,树体适应性强,但果

实完熟后果肉变绵。

⑱燕红(绿化9号)：晚熟品种。在北京地区果实于8月底至9月初成熟。平均果重200～240克，最大果重480克。果实近圆稍扁，果顶圆，缝合线浅但明显。果皮绿黄色，果面暗红或深红色。果肉乳白色，阳面红色，近核处紫红色，肉质致密，成熟时柔软多汁，味甜，可溶性固形物10%～14%，稍有香味，品质上等。粘核。树姿半直立，植株生长健壮。以中长果枝结果为主，丰产性能好。本品种果实品质优良。耐贮运。适应性广，抗性强，尤其是潜伏芽寿命长，但本品种采前落果、裂果现象严重。

⑲深州水蜜桃(魁桃)：主产于河北深州一带。晚熟品种，在河北地区于9月中旬成熟。单果重约200克。果实长圆形，果顶有突尖，梗洼深，缝合线深。果皮淡黄绿色，阳面紫红色。果肉乳白色，近核处有紫红色条纹，肉质细，硬溶质，味甜，可溶性固形物13.5%，品质优。粘核。树姿直立，树势强。以短果枝结果为主，多单花芽。本品种果实品质优良，耐贮运。但是本品种的适应性差，由于少花粉，需配植授粉树，易产生桃奴。

⑳肥城桃(佛桃)：原产于山东肥城。晚熟品种。在山东肥城于9月上旬成熟。平均果重250～300克，大果在500克以上。果实圆形，果顶有突尖，梗洼深广，缝合线深。果皮黄白色，向阳面微有红晕。果肉乳白色，近核处红色或白色，肉质细密，成熟时柔软多汁，味甜，可溶性固形物15.8%，香气浓，品质优。粘核。树姿直立，树势强。以短果枝结果为主，多单花芽。有花粉，但自花结实率低，在原产地丰产性能好。

㉑满城雪桃：原产于河北省满城县。特晚熟品种。10月下旬至11月上旬成熟。平均果重250克，最大果重在500克以上。果实圆或长形，顶尖突出，缝合线明显。果皮黄白色，向阳面微红。果肉乳白色，肉质细密，汁液中等，味甜酸适中，可溶性固形物20%～24%，品质优。半离核。树姿直立，树势强。以中短果枝结

果为主，多单花芽。本品种果实品质优良，果实极耐贮运。

㉒大仙桃：原产于湖北省老河口市。中熟品种。果实生育期100天，在当地于7月上中旬成熟。平均果重210～280克，最大果重可达450克以上。果实圆形，果顶圆，果梗洼圆深，缝合线浅，外形美。果面淡绿黄色，阳面及果梗洼处有红晕和红色条纹。果肉乳黄色，近核处淡红色，成熟时柔软多汁，味甜，可溶性固形物为12.6%～14.8%，有香气。半离核。树姿开张，树势中庸，成枝力强。以中长果枝结果为主，复花芽多，丰产性能好。

㉓深州早蜜：由河北省深州林业局选育。在当地于8月上旬成熟。平均果重151克，最大果重300克。果实长圆形，果顶有突尖，缝合线深。果皮黄白色，阳面鲜红色。果肉白色，肉质细，硬溶质，味甜，可溶性固形物为10.5%，粘核。树姿较开张，树势强。以中短果枝结果为主。自花能结实。

㉔重阳红：由河北省昌黎县农业局选育。晚熟品种，当地9月中旬至10月上旬成熟，在北京地区于9月上中旬成熟。平均果重250～300克，最大果重可达700克。果实近圆形，果顶平。果面黄白色，着鲜红色。果肉白色，肉质细，多汁，味甜，可溶性固形物为13.9%。离核。树势强健，树姿半开张。以短果枝结果为主，无花粉，果实耐贮运能力强。

㉕晚香：由河北农业技术师范学院选育。晚熟品种。在当地于10月上旬成熟。平均果重175克，最大果重255克。果实圆形，果顶具尖。果面黄绿色，具红晕。果肉绿白色，肉质细脆致密，多汁，可溶性固形物12%～13%，香气浓，离核。树势强健，树姿半开张。以中短果枝结果为主，无花粉，果实耐贮运能力强。

(2)鲜食油桃优良品种

①阿姆肯：美国品种。早熟。在北京地区果实于6月底至7月初成熟，在长江以南地区于6月20日左右成熟。平均果重130～150克。果实卵圆形到椭圆形，果顶尖圆，缝合线浅，果形不

整齐。果皮绿黄色，全面着玫瑰红色或石榴红色到红色。果肉黄色，硬溶质，汁液中等，纤维较粗。果实含糖量中等，含酸量偏高。粘核。树姿直立，生长旺盛，各类结果枝均能结果。复花芽多，丰产，但具裂果现象。

②NJN72：美国品种。早熟。在北京地区果实于 7 月初成熟。平均果重 130 克，最大果重 179 克。果实近圆形，果顶圆，缝合线浅。果皮黄色，全面着紫红色。果肉黄色，硬溶质，汁液较多，可溶性固形物 10%，酸度较高。粘核。树姿半开张，树势生长旺盛，以长中果枝结果为主。复花芽多，较丰产。

③瑞光 3 号：由北京市农林科学院林果研究所选育。早熟。在北京地区果实 7 月 10 日左右成熟。平均果重 135 克，最大果重 151 克。果实椭圆形，果顶圆，缝合线浅。果皮黄白色，果面紫红色。果肉白色，肉质细，柔软多汁，可溶性固形物 9.5%，味甜。粘核。树姿半开张，树势健壮，各类果枝均能结果。复花芽多，丰产。果实顶端有先成熟而后变软现象。

④NJN76：美国品种。早熟，在北京地区果实于 7 月中旬成熟。果实大，平均果重 149 克，最大果重 303 克。果实近圆形，果顶圆，缝合线浅，果形整齐。果皮黄色，全面着紫红色。果肉黄色，果肉硬溶质，汁液中等，可溶性固形物 10%，酸甜适口。粘核。树姿半开张，树势生长旺盛，以长中果枝结果为主。复花芽多。丰产。

⑤红油 4 号：美国品种。在北京地区果实于 8 月中旬成熟。平均果重 130 克左右。果实近圆形，果顶圆，缝合线浅，果形较整齐。果皮黄色，全面着紫红色。果肉黄色，近核红色，果肉柔软多汁。果实含糖量高，含酸量也高，风味浓郁。树姿直立，树势生长旺盛，各类结果枝均能结果。复花芽多，丰产。粘核。

⑥早红珠：由北京市农林科学院植保环保研究所等选育。特早熟，在北京地区果实于 6 月 18～23 日成熟，平均果重 92～97

克。果实近圆形，果顶平圆，缝合线浅。果面鲜红色，有不明显斑纹。果肉白色，果顶及皮下少量红色。肉质细，柔软多汁，可溶性固形物11%，粘核。树姿半开张，树势中等，各类果枝结果良好。复花芽多，早果和丰产性能好。

⑦丹墨：由北京市农林科学院植保环保研究所等选育。早熟，在北京地区果实于6月21～26日成熟，平均果重97克。果实圆形，果顶圆平，缝合线浅，果梗洼深而广。果面深红至紫红色，有不明显斑纹。果肉黄色。硬溶质，可溶性固形物10%～12%。粘核。树姿半开张，树势中等，长中果枝结果为主。复花芽多，丰产性能好。

⑧瑞光2号：由北京市农林科学院林果研究所选育。早熟。在北京地区果实于7月上中旬成熟。平均果重123克，最大果重158克。果实椭圆形，果顶圆，缝合线浅。果皮黄色，果肉黄色，肉质细，柔软多汁，可溶性固形物为10.2%。粘核。树姿半开张，树势健壮，以长中果枝结果为主。复花芽多。

⑨瑞光5号：由北京市农林科学院林果研究所选育。早熟，在北京地区果实于7月12日左右成熟。平均果重180克，最大果重300克。果实椭圆形，果顶圆，缝合线浅。果皮黄白色，果面着紫红色点或晕。果肉白色，肉质细，柔软多汁，可溶性固形物为10.5%。粘核。树姿半开张，树势健壮，各类果枝均能结果。复花芽多，丰产。

⑩秦光：由陕西省果树研究所选育。果实发育期90天左右，在陕西关中地区于7月中旬成熟。平均果重133克，最大果重165克。果实近圆形，缝合线中深。果皮淡绿至白色，果顶及阳面覆鲜红色。果肉白色，肉质细脆，汁液中多，可溶性固形物11%～14%，有李、杏香气。离核。树姿直立，树势健壮，成枝力强，以中长果枝结果为主。复花芽多，坐果率高，丰产性好。

⑪佛光：由北京市农林科学院林果研究所选育。在北京地区

果实于7月中下旬成熟。平均果重156克。果实近圆形,果顶圆,缝合线浅。果皮全面深红。果肉黄色,肉质致密,柔软多汁,可溶性固形物为11.5%,酸甜可口,风味浓郁。粘核。树姿半开张,树势健壮,以中长果枝结果为主。复花芽为主,丰产。

⑫幻想:美国品种。晚熟品种。在北京地区果实于8月中下旬成熟。果实大,平均果重165克。果实卵圆形到椭圆形,果顶圆,缝合线浅。果皮全面着红色到橙红色。果肉黄色,果肉硬溶质,汁液中等,可溶性固形物13%,甜酸可口,有香气,风味浓郁。粘核。树姿半开张,具复花芽。较丰产。

(3)蟠桃优良品种

①早露蟠桃:由北京农林科学院林业果树研究所选育。早熟蟠桃品种,果实发育期60天,平均单果重120克,最大单果重190克。果实扁圆形,果皮底色黄白色,果实阳面着玫瑰红色晕。果肉乳白色,近核处红色,硬溶质,肉质细,风味甜,含可溶性固形物9%～11%。粘核。树势中庸,树姿半开张。复花芽多,各类结果枝均能结果,丰产性好。

②中油蟠1号:由中国农业科学院郑州果树研究所选育。果实发育期120天。单果重110克,果形扁平,果顶圆平,微凹。果皮绿白色,着红晕。果肉乳白色,硬溶质,风味浓甜,可溶性固形物含量17%,有香气,品质上等。粘核。有裂果现象。

③中油蟠2号:由中国农业科学院郑州果树研究所选育。果实发育期90天。单果重100克,果形扁平,果顶圆平,微凹。果皮橙黄色,60%以上着红色。果肉橙黄色,硬溶质,风味浓甜,可溶性固形物含量13%。粘核。丰产性好。有裂果现象。

④瑞蟠1号:由北京市农林科学院林业果树研究所选育。早熟品种。果实发育期88天。平均单果重178克,最大260克。果皮底色黄白,果肉黄白色,硬溶质,风味甜,可溶性固形物含量9%～13%。半离核。树势中等,半开张。丰产。

⑤瑞蟠3号：由北京市农林科学院林业果树研究所选育。中熟蟠桃品种。果实发育期102～107天。平均单果重200克，最大单果重276克。果皮底色黄色，硬溶质，风味甜，可溶性固形物含量10%～12%。粘核。树势中庸，半开张。丰产。

⑥瑞蟠4号：由北京市农林科学院林业果树研究所选育。晚熟品种。果实发育期134天。平均单果重221克，最大单果重350克。果实扁平，果皮底色淡绿，完熟时黄白色。果肉淡绿至黄白色，硬溶质，汁液多，风味甜，品质上等，可溶性固形物含量13.5%。粘核。树势中庸，树姿半开张。以长、中果枝结果为主，复花芽多，丰产。

⑦瑞蟠5号：由北京市农林科学院林业果树研究所选育。中熟蟠桃品种。果实发育期110天。平均单果重160克，最大单果重220克。果肉黄白色，硬溶质，肉质韧，风味甜，可溶性固形物含量为10%～11.5%。粘核。果实扁圆形，玫瑰红色，果皮底色黄白。树势中庸，树姿开张，丰产。

⑧瑞蟠8号：由北京市农林科学院林业果树研究所选育。早熟品种，果实发育期72～79天。平均单果重125克，最大单果重180克。果肉黄白色。粘核，硬溶质，风味甜，可溶性固形物含量10%～11.5%。果实扁圆形，玫瑰红色，果皮底色黄白。树势中庸，树姿半开张，丰产。

⑨早魁蜜：由江苏省农业科学院园艺研究所选育。早熟品种。果实扁平，果实发育期95天。平均单果重130克，最大单果重200克，果皮乳黄色，果面有红晕。果肉乳白色，肉质柔软多汁，软溶质，风味甜浓，可溶性固形物含量为12%～15%。粘核。树势强健，树姿较开张。以中、长果枝结果为主。

2. 加工用桃优良品种　果实供加工用的优良桃品种及其性状，如表3-1所示。

表 3-1　加工用桃优良品种性状

品种名称	育种单位	成熟期	平均果重(克)	核类	肉质	品质	树姿	其　他
郑黄 2 号	郑州果树所	6 月底	123	粘	不溶	优	开张	早果、丰产，适应性强，无花粉
浙金 1 号	浙江农科院园艺所	6 月下旬	111	粘	不溶	优	开张	丰产，抗细菌性穿孔病等病害
郑黄 3 号	郑州果树所	7 月上旬	132	粘	不溶	优	开张	丰产、稳产，适应性广
金　旭	江苏农科院园艺所	7 月中旬	134	粘	不溶	优	开张	花期晚，丰产，适应性强
金　晖	江苏农科院园艺所	7 月下旬	148	粘	不溶	优	开张	花期晚，丰产，适应性广，抗流胶病等
郑黄 4 号	郑州果树所	7 月下旬	215	粘	不溶	优	开张	丰产，适应性强，但花芽无花粉
明　星	日　本	8 月上旬	179	粘	不溶	优	半开张	丰产，对雨水多的地区适应性差
弗雷迪里卡	法　国	7 月下旬	198	粘	不溶	优	开张	丰产，适应性强
连　黄	大连农科所	7 月下旬	170	粘	不溶	优	开张	丰产，对雨水多的地区适应性差
金童 5 号	美　国	8 月上旬	200	粘	不溶	优	半开张	丰产，但有果翼突出现象
金童 6 号	美　国	8 月中旬	159	粘	不溶	优	半开张	较丰产，适应性强
金童 7 号	美　国	8 月中旬	181	粘	不溶	优	半开张	丰　产

续表 3-1

品种名称	育种单位	成熟期	平均果重(克)	核类	肉质	品质	树姿	其他
丰　黄	大连农科所	8月下旬	160	粘	不溶	优	开张	丰产,树体抗寒性强
锦　绣	上海农科院园艺所	8月下旬	150	粘	硬溶	中	开张	兼用品种,丰产,适应性强
京　川	北京农林科学院林果所	8月下旬	143	粘	硬溶	良	半开张	兼用品种,丰产,适应性强
桂　黄	大连农科所	8月下旬	179	粘	不溶	优	半开张	丰产,抗寒
燕　黄	北京农林科学院林果所	9月上旬	191	粘	硬溶	优	开张	兼用品种,丰产,适应性强
菊　黄	大连农科所	9月中旬	198	粘	不溶		开张	丰产,抗寒、蚜虫、细菌性穿孔病

(三)优良砧木选择

1. 桃优良砧木的标准　桃优良砧木的选择标准,一是具有良好的适应性或抗性。二是与接穗具有良好的亲和性,或能促进接穗的生长。三是对品种结果性状、果实品质无不良影响,或对其具有促进作用。四是具有成本低,繁殖容易,无性状分离等特性。适应性强,寿命长,种源丰富,繁殖容易。

2. 可供选择的桃优良砧木　目前,世界上桃树砧木的使用类型,可以分为以下两种:野生桃树种,人工选育出的具有特殊性状的品种。

(1)野生种桃优良砧木

①山桃:是我国华北、西北等地的野生种。小乔木,树干表皮

光滑，枝细长，果实圆形，成熟时干裂，不能食用。山桃抗寒、抗旱性强，和栽培桃品种嫁接亲和性好。主要在山西、山东、河北、河南、陕西、辽宁和吉林等省使用。

②毛桃：主要是野生毛桃。小乔木，果实小，品质差，不能食用。和栽培桃品种嫁接亲和性强，根系发达，生长势强盛，具有一定的抗旱和抗寒能力，而且耐多湿温暖气候，在我国南方各省及华北和西北都被广泛使用。

(2)人工选育的优良桃砧木品种　选育出的桃树砧木，可以分为：桃类型、李类型和种间杂种类型。

①桃类型：通过从桃杂种实生苗和自然实生苗中选育出来，果实不具有经济价值，而只用作桃砧木的品种。

GF305：为法国选育。目前，是欧洲应用最为广泛的砧木，种子繁殖。树势健壮，个体间差异小，丰产，对钙含量高的碱性土壤适应能力强。

宝石：为法国选育。种子繁殖。生长势较弱，早果和丰产性能好，但对土壤的通透性要求较严格。

蒙克娜：为法国选育。种子繁殖。早果和丰产性能好，较抗缺铁失绿，对土壤缺镁的忍耐力强。

黑格玛：为法国选育。种子繁殖。种子小，但产量高。树势健壮，个体间差异小，抗线虫。但对钙含量高的碱性土壤适应能力较差，对土壤渍水的忍耐力也较低。

列玛红：为美国选育。抗线虫。

西伯利亚 C：为加拿大选育。有矮化作用，早果性能好，耐寒力强。

②李 类 型

GF665-2：为法国选育。扦插繁殖，具矮化作用，早果，品质优良。

多马斯 1869 (Domas 1869)：为法国选育。扦插繁殖。对土壤渍水的忍耐力特强，与大部分的油桃品种和少量的普通桃品种嫁接，表现不亲和。

(3)种间杂种类型

GF677：为法国选育。嫩枝扦插繁殖。生长势较强，始果稍晚，对含钙量高的碱性土壤忍耐力强，抗重茬病。

GF557：为法国选育。扦插繁殖。抗线虫，但对土壤渍水的忍耐力较差。

筑波 4 号，5 号：为日本选育的红叶砧木品种。抗线虫。

二、操作技能

(一)品种选择的原则

1. 根据品种区域化原则进行选择 按品种生长特性及对环境条件的要求，选择适宜的栽培区域，同样根据某些地区的自然生态条件，选择适宜的品种，做到“适地适栽”。有些品种为广适性品种，而有些品种适应性很窄。如我国的一些地方特产品种(如肥城桃、深州蜜桃)，只有在原产地种植，才能充分表现出其优良性状；在其他地方栽培则表现较差。

2. 根据成熟期选择 桃不耐贮运，不适合大面积栽植成熟期太集中的少数品种，以免因销售和加工不及时而造成损失。生产上，最好安排一系列成熟期不同的品种进行栽培，不断地采收上市。目前，我国有 55～190 天成熟的许多品种可供选择。

3. 根据交通状况选择 城市近郊、工矿区及旅游点附近，基本上是当日采收当日销售，可选用果个大、品质佳、丰产性好的溶质或硬溶质桃品种；距城市或市场较远的地区，或交通不方便的地区，应选择较耐贮运的硬溶质或不溶质桃品种。

4. 根据市场需求选择 商品市场是以“物以稀为贵”为准则

的，在某一特定区域内短缺的品种，一般具有较高的价格。因此小面积果园如能做到“你无我有，你有我优，你优我换”，往往能创造出较高的经济效益。

5. 根据用途选择 用作加工，须选用加工专用品种。如制罐品种，要求果肉为黄色，不溶质，粘核，果核处无红色果肉的桃品种。

另外，对品种存在的主要缺点应有一定的了解，如抗寒性强弱，有无花粉，有无裂果现象等。有的品种抗寒性较差，如中华寿桃；丰白、早凤王、霞辉1号、红岗山等品种，均无花粉，在栽植中必须配置授粉品种或进行人工授粉。授粉品种要求花期与接受花粉的品种花期相遇、花粉量大、授粉亲和力强，并且经济价值比较高，如大久保、雪雨露、京玉等，都是较好的授粉品种。有些品种有裂果现象，如燕红、21世纪、中华寿桃等。因此，在生产中必须了解这些品种的固有特性，以便在栽培中采取相应措施。为了减少生产过程中的农药化肥污染，还应选择生长健壮，抗病性强，对有害物富集少的品种。

（二）引种的程序

把果树从原有分布范围引入新的地区栽培，就叫作引种。引种促进了果树多样化发展，是实现果树良种化的重要手段。品种是一个有生命的生物群体，一个品种引到新地区后，由于气候条件、病虫害、耕作制度与原产地都不一样，性状可能表现不一。因此，必须通过引种试验，用当地有代表性的良种作对照，进行系统的比较观察，包括生育期产量、品质和抗性等。在进行引种试验时，试验地的土壤条件必须均匀，管理措施力求一致，使引种材料能得到客观的评价。果树引种方法有简单引种与驯化引种两种。

1. 简单引种的方法 一般包括少量试引、初步繁殖和大量繁殖推广三个阶段。少量试引：一般每个品种3～5株，种植在有代表性地段上，进行引种观察，待进入结果期。初步繁殖：当进入结果期后，选择适应性和经济性状表现较好的，有发展前途的良种类型，按计划数量进行生产性初步繁殖，并在这一过程中，对其适应性特别是经济性状作进一步的考察研究。待初步繁殖的果树进入结果期以后，少量试引的果树已进入结果旺盛期，大体上经历了周期性的考验，这时对表现优异的外地引入品种类型，可组织大量繁殖推广。由于果树进入结果期时间较长，可采用高接法加速引种鉴定的过程，即把外地品种进行少量试引的同时，高接在当地成年树的树冠上，促进其提前结果，进行研究鉴定。

2. 驯化引种的方法 驯化引种与简单引种相比，其最大的区别在于驯化引种必须从种子实生苗开始，必须有较大的个体数量。通常驯化引种在种源选择上应不少于5个，都应处于或接近树种分布极限的边缘地带。从抗性最强的优良单株上采种。在原地的采种，每种一般不能少于10株。每一株的实生后代通常不应少于50～100株。对于无性繁殖的果树种类，一般只要求选择抗性较强，经济性状符合要求的无性系品种若干个，无须选择种源。每个无性系品种的采种量须适当加大。实生后代不应少于100～200株。驯化引种品种类型的适应能力和当地环境条件差距较大，往往一个世代的驯化，仍然得不到足够适应的类型。因而一般采用多代连续驯化法和逐代连续驯化法。

（三）引种的注意事项

1. 明确影响引入品种适应性的主要生态因子 当引进某一树种或品种时，要从当地综合生态因子中，找到对适应性影响最大的主要因子，作为分析适应性的重要依据。

2. 确定引入类型的分布范围 研究引入树种或品种的原产地及分布界限，分析引入对象的适应范围，对比主要农业指标，从而估计引种适应的可能性。这些资料包括纬度、年平均温度、10℃

以上的年有效积温、最高温度及其持续时间、年最低温度及其持续时间、年降水量，雨季及旱季时间，全年雨量的分布。

3. 根据亲缘关系相近种类或品种在本地的适应性表现进行引种　亲缘关系相近的品种在一起生长时，常常表现出共同的适应性。因此，以通过相近的品种分析引入可能的适宜品种，如上海水蜜桃和玉露桃栽培在相同区域内，抗寒、抗霜能力相近，故上海水蜜桃能正常生长的地方，引种玉露桃成功的可能性大。

4. 从病虫害及灾害发生频繁的地区引入抗性品种　在病虫害和自然灾害因素经常发生的地区，由于长期自然选择和人工选择的影响，往往形成抗性强的品种或类型，引种时应加以注意。

5. 借鉴前人引种实践的经验教训　长期以来，全国各地开展过许多的引种工作，所以在引种时应仔细了解过去曾经引种的种类、品种，原产地，引种的方法和引入后的表现，总结成败原因，以便使引种工作少走弯路或不走弯路。

6. 注意引种材料的检疫　为了避免传入检疫性病虫害，从外地特别是外国引入的材料，必须通过严格的检疫消毒。对有检疫对象的材料，应及时用药剂处理，有条件的可通过特设的检疫圃隔离种植。如发现有新的危险病虫害，就必须采取根治措施。

思考题

1. 根据果实的用途，可将桃品种分为哪几种类型？
2. 目前桃生产中常用砧木分为哪两类？
3. 在发展桃树产业时，选择品种应根据哪些原则？

第四章 桃树苗木培育与高接换种

一、专业知识

(一)健壮桃树苗木的标准

枝条健壮,成熟度好,芽体饱满;根系健全,须根多;无病虫害。同时苗高应达到一定的要求。

合格桃苗标准为:苗高在 80 厘米以上,接口以上 10 厘米处的直径应在 1 厘米以上,接合部愈合程度良好,砧木的枯桩应剪除,剪口愈合良好。主根长 15 厘米,有 3 个以上侧根,分布均匀舒展不卷曲,整形带内有 6 个以上的饱满芽,若有副梢则需充实。苗木不带检疫病原,最好是脱毒苗。

(二)桃树繁殖

桃树繁殖方法包括有性繁殖和无性繁殖。有性繁殖是通过种子进行繁殖,但是由于桃树是杂合体,且遗传背景复杂,通过有性繁殖后,后代性状发生分离,个体之间的差异较大,母本的优良性状不能得到保留。因此,大多采用无性繁殖的方法进行苗木繁育。无性繁殖又称营养繁殖,主要是通过嫁接、扦插等手段进行后代的繁殖,这样能很好地保留母本的优良性状,后代个体之间性状统一,繁殖速度快,苗木标准统一。对桃树主要进行嫁接繁殖。

(三)桃树高接换种的重要意义及要领

1. 高接换种的意义

(1)加速品种更新　采用高接换种的办法,接后 1～2 年恢复树冠，3～4年恢复较高产量和获得更大的收益。因此，对劣质品种进行高接换种，是加速品种更新的一条捷径。

(2)提高新建园品种纯度　在果树大发展的热潮中，一些果园由于选苗、购苗不严格，因而造成品种混杂严重，甚至老、劣品种占80%以上。对于这类果园，一旦发现杂劣品种，就应尽早高接换种，否则，经济损失逐年加大。

(3)增强抗性　在北方，往往因冬季温度剧变，使果树受冻、抽条，加之由于地理条件的限制，许多果园建在土壤瘠薄的盐碱地上。因此，采用抗性砧木高接良种，既可以增强其抗性，又能提高桃树的产量与品质。

(4)减少资源育种占地　果树资源保存和杂种实生苗的培育，均需较大的土地面积。进行高接换种，可以在一株大树上高接数个新品种，既节省土地，又结果早。

(5)经济效益高　近年各地对劣种树高接换种，生长结果良好，经济效益非常显著。实践表明，高接换种技术在品种换代方面起了重要作用。

2. 高接换种的要领　高接换种成功的要领，是要注意以下几点：①注意高接的时期。②高接砧树的选择。③高接部位的选择。④高接方式的选择。⑤高接部位粗度的选择。⑥接穗的采集与贮存。⑦高接方法的选择。⑧高接后的管理。

二、操作技能

(一)健壮苗木繁育

1. 苗圃地的选择　对苗圃地的选择应从具体情况出发，因地制宜，适当改良。确定苗圃地点时，应注意以下几点：

(1)地　点　苗圃地应设在需要苗木地区的中心。这样可减少运输成本和对苗木的损伤。而且苗木对当地生长环境条件适应性强，成活率高，生长发育良好。

(2)地 势 应当选择背风向阳、光照条件好、稍有坡度的倾斜地，地下水位在1～1.5米以下，并且一年中水位变化幅度不大。

(3)土 壤 一般以砂质壤土或黏壤土为主，这对种子的萌发和幼苗的生长有利，也有利于起苗时减少对苗木的伤害。如用其他的土壤，在育苗时必须多施有机肥，并进行土壤改良。不同的树种对土壤的酸碱度的要求也不同。对桃树来说，中性或偏碱性土壤均可。

(4)灌溉条件 桃树苗木的生长需要较多的水分，而且抗旱性差。因此，要有充足的水源。

(5)病虫害情况 在病虫害较重的地区，尤其是立枯病、线虫病、根头癌肿病和根瘤芽等病虫害较重的地域，要重点防治。此外育苗地的前茬不能是核果类的果树。

(6)专业化育苗条件 为了实现育苗的规范化和专业化，及大型苗圃地的建立，要根据当地的气候条件、地理位置、土壤条件和市场条件，进行科学全面的规划。专业的苗圃必须包括母本园和繁殖区两部分。

①母本园：主要是提供繁殖材料，包括砧木种子和良种接穗。为了保证种苗的纯度和丰产性，防止检疫性病虫害传播，必须建立各级专业性苗圃的母本园。

②繁殖区：根据培育苗木的种类分为实生苗繁殖区、自根苗繁殖区和嫁接苗繁殖区。为了耕作和管理方面，最好采用长方形区划。

(7)附属设备建设条件 在规划区内根据实际情况进行道路规划，建立必要的灌溉和排水设施，在苗圃周围建立防护林。在条件允许的前提下，还应建立必要的房舍等，包括办公室、宿舍、农具室、种子贮藏室、化肥农药室和包装工棚等。

2. 繁育壮苗(实生苗、自根苗、嫁接苗繁育)　桃树和其他果树一样，其苗木的繁育仍以营养繁殖为主。嫁接是苗木繁育的主要形式，自根苗也已开始用于桃树的生产。自根苗目前在保护地栽培情况下应用最为广泛。在国外，也有少量的自根苗在普通高密度栽培的生产园中使用。

(1)实生苗繁育　砧木大多通过播种实生繁育而获得。一般要经过采种并贮藏、层积、播种和苗木管理四个步骤。

①种子的采集和贮藏：为了保证砧木的种或品种的纯正与质量，种子需从母本园中的母本树上采取。而对于像山桃和毛桃等野生种，应选择生长健壮，性状优良，树体之间的表现相对一致的树作采种树，并采集发育正常、充分成熟的果实作种。采下的果实，堆积 7～10 天，除去果肉，洗净种子后，放在通风阴凉处阴干。堆积时不能过厚，以防止发霉。干燥过的种子应进行挑选。挑选时，去掉过小、发育不充实、有病虫危害和裂核的种子。挑选的种子应大小整齐、充实饱满、无病虫和无杂质。山桃和毛桃种子的采集时间在 7～8 月份。阴干后的砧木种子，要放在阴凉、干燥和通风处妥善贮藏。

②种子的层积：层积处理，是将种子与湿沙按一定的比例混合或分层堆积，经过一段时间的低温，使种子内部完成发芽所需要的一系列的生理生化变化，从而达到萌发状态的人工处理方法。具体操作步骤是：将种子在水中浸泡 1～2 天，用种子量 4～5 倍的细河沙(河沙湿度为饱和水量的 50%～60%，手捏成团，撒手即散)，与种子混合，或分层盛入木箱、花盆或贮藏沟中。容器存放地点和藏沙沟，应选择在阴凉、干燥通风之处。层积时间长短与种子类型有关。山桃种子为 60～80 天，毛桃种子为 100～120 天，GF305 和蒙克娜的种子为 100～110 天，宝石和黑格玛的种子为 120 天。

③播种时期及方法：层积种子的播种时期，在土壤刚刚解冻之后。一般采用宽窄行带状畦播。宽行距为 40～50 厘米，窄行距为

10 厘米左右，每畦 4～6 行。行内种子间距离为 5～8 厘米，播种深度为种子直径的 3～4 倍，山桃和毛桃则为 4～5 厘米。

④幼苗的管理：幼苗出土后，注意保墒和除草，并加强施肥管理。在采取夏季芽接的情况下，砧木的粗度应达到 0.6～0.8 厘米。为了促进增粗生长，一般于嫁接前 3～4 周进行摘心处理。

(2)扦插繁育　为了缩短育苗时间和降低育苗费用，国外开始通过扦插获得自根苗用于生产。此外，一部分砧木，如 GF665-2、多马斯 1869、GF677、GF557 等品种，只能通过营养繁殖，或通过组织培养繁殖。

扦插繁育有两种不同的方式，即硬枝扦插和嫩枝扦插。硬枝扦插是用落叶后的 1 年生枝为材料，而嫩枝扦插则是以带叶的新梢为扦插材料。扦插前，对苗床的基质进行消毒，是减少污染和提高成活率的关键。一般用 5%～10%的甲醛喷洒，并覆盖塑料薄膜熏蒸 2～3 天即可。

①硬枝扦插：硬枝扦插生根率较高的品种，有京红、冈山白、金童、北农早艳、京蜜、庆丰和燕红等，其一般生根率在 50%以上。其他一些品种虽有一定的生根率，但大多在 50%以下。

进行硬枝扦插，采集插穗的时间，一般在新梢完全木质化到自然休眠完成的 9～12 月份，以完全进入休眠为最好。插穗按 20 厘米左右长度剪截，下端剪成或用刀削成斜面，削面形似马耳，或削成双斜面的楔形。削面一定要光滑，以免影响生根。为了促进生根，在扦插时可用浓度为 1 000 毫克/升的吲哚丁酸蘸插穗。扦插可按株行距(2～4)厘米×(20～30)厘米的密度进行，扦插深度约为插穗长度的 2/3 即可。扦插后至插穗生根期间，一定要注意控制土壤的温度，插床基质 15～20 厘米深处的温度以 10℃～20℃较为合适。

②嫩枝扦插：时间以 5～6 月份为宜。插条长度为 10～15 厘米，并保留上部的 3～4 片叶。为了减少蒸腾作用，每片叶均剪去

一半,即仅留半片叶。嫩枝扦插用的插穗,在扦插前的其他处理,同硬枝扦插。嫩枝扦插的密度,可高于硬枝扦插。为了减小移栽时的难度,也可以将消毒好的基质放入直径为10厘米的营养钵里。嫩枝扦插成功与否的关键,在于空气湿度和土壤湿度的控制是否适当。一般采用间歇式自动控制喷雾装置控制土壤湿度。白天每隔90秒喷雾6秒钟,晚上自动关闭。待插穗生根和发芽后,可大大减少喷水量。30～35天后,则可停止喷水。一般来讲,嫩枝扦插的幼苗在冬天土壤结冻之前最好移入不加温的温室或日光温室中越冬,第二年开春时再栽至苗圃中。苗木可用于嫁接,对于栽培品种,也可直接培养成自根苗木。

(3)嫁接繁育　嫁接的方法较多,但桃树上最常用的是芽接和枝接。

①芽接:芽接技术简单,容易掌握,工作效率高,具有伤口愈合容易,成活率高,接穗利用最经济,可操作的时间长,一旦未成活也便于补接等优点。因此,是目前果树上应用最广泛的一种方法。芽接有"丁"字形芽接和嵌芽接两种。

"丁"字形芽接:将刀口朝内或朝外削取芽片,芽片长1.5～2.5厘米,宽0.6厘米左右。轻轻地沿削口方向捏动芽片,即可将芽片剥离接穗。在砧木基部离地面5～10厘米处的顺直光滑的部位,做"丁"字形的切口,将取好的芽片插入,使芽片上端与砧木横切口紧密相接,然后用塑料条绑缚即可。

嵌芽接:先在接穗所取芽上方的0.8～1厘米处斜削一刀,长约1.5厘米。然后在芽下方的0.5～0.8厘米处,向下斜切一刀,取下芽片。用同样的方式在砧木上切取一个芽片。然后将接穗的芽片嵌入砧木上,将接穗和砧木的形成层对齐,并用塑料条绑严。

②枝接:枝接使用接穗的一个枝段,而不是一个芽片。枝接的时间是在早春树液开始流动之前到砧木展叶为止。在桃树上常用的枝接为切接。接穗长5～8厘米,留2～4个芽,将接穗的基部削

成大小不同的两个切面，长面在顶芽的同侧，长 2～3 厘米，呈马耳形。在长面对面，削成短于 1 厘米的小马蹄形。在接近地平面光滑处，剪断砧木，在砧木断面近 1/3 处或近皮部的一侧，向下直切，将接穗插入砧木。接穗的大削面靠木质部，小削面靠皮部，至少使接穗与砧木一边的形成层对齐，绑缚包扎即可。

③嫁接苗的管理：在嫁接两个星期后，检查芽接苗的成活情况。凡叶柄一触即落者，表示已经成活，否则为未成活。对未成活者需进行补接。成活者于嫁接后 3～4 周，解除绑缚。第二年春天萌芽前，在接芽上方 0.5 厘米处剪去砧木。在芽接苗和枝接苗春天萌发后，应及时除去由砧木上发出的萌蘖，以保证苗木的健壮生长。在苗木生长的早期，应加强肥水的管理。但到 7～8 月份后，应控肥控水，以保证苗木组织充实地发育。

3. 无病毒苗木的培育 果树病毒和类菌原质病，严重地危害经过长期采用营养繁殖的果树，直接影响果树的生长发育和果树品质的形成，严重者甚至死树和绝产，给果树生产造成严重的经济损失。因此，培育无病毒果苗是果树生产的重要环节，对现代果树生产具有重要意义。

无病毒苗木的生产过程如下：

(1)*无病毒营养系种株的初选和鉴定* 在丰产园内选择健壮的结果树，了解其历史，选择健壮的枝条进行病毒鉴定。若无病毒则可作繁殖的种源。有病毒则进行脱毒处理，做成无病母株的原始材料。脱毒的方法常用茎尖培养或热处理。

(2)*茎尖培养*

①枝条消毒：将枝条在无菌室内用 70%乙醇浸 30 分钟，再放到 10%漂白粉液中 10 分钟，最后用无菌水冲洗 3 遍。

②剥取茎尖：把鳞片及外部叶片剥除，切下带有 3～4 个叶原基的生长点，长约 0.5 毫米，接种于培养基上。

③在 25℃条件下培养 2 个月，生成一丛黄化苗。

④将黄化苗切成小段,移栽到新的培养基上,在光下1个月后培养成小植株。

⑤促进生根。使用IBA等生长调节剂促进生根。

⑥将生根小苗洗净培养基,移栽到营养钵,即为脱毒种苗。

(3)热处理 把感染病毒的幼树、枝条或种子进行热处理,是广泛使用的脱毒方法。因植物和病毒的种类不同,处理的温度和时间也不一样。处理方式有热水处理,湿热空气或热蒸汽处理。

(4)无病毒母株的保存 经脱毒的无病毒材料或幼树,即为种源母株,将其栽植于有防虫网的网室内,并远离有病毒原潜伏的果园2千米以外,然后扩繁无病毒苗。

4. 苗木出圃、检疫、贮运与假植

(1)出圃前的准备 苗木出圃是育苗工作重要的一环。出圃准备工作充足与否,出圃技术的好坏,直接影响出圃苗木的质量、定植成活率及幼树的生长。因此,必须保证出圃质量,制定并遵守苗木出圃技术规程。出圃前的准备工作,主要是对苗木种类、品种与各级苗木数量等进行核对、调查或抽查。根据调查结果及外来订购苗木情况,制定出圃计划及操作规程。与购苗单位及运输单位密切联系,保证及时装运、转运,缩短运输时间,提高苗木质量。

(2)挖苗时间 依果树种类及地区的不同而异。落叶果树多在秋季苗木新梢停止生长并且木质化,顶芽已形成并开始落叶时挖苗。急需栽植或远运的苗木,也可先挖;就地栽种或第二年春季栽植的苗木可后挖。秋季挖苗可避免苗木冬季在田间受冻及鼠畜害。秋挖可进行秋植或假植,同时,还可利用挖苗后的苗圃地播种绿肥,提高土壤肥力。春季挖苗则可减少假植工序。

(3)挖苗方法 挖苗前几天,应作好起苗准备,对苗木挂牌,标明品种、砧木类型、来源和苗龄等。若土壤过于干燥,应充分灌水,以免起苗时损伤过多须根。待土壤稍疏松、干爽后即可起苗。挖苗有不带土挖取和带土挖取两种方法。落叶果树休眠期挖苗不带土，对成活影响不大。若远运，带土挖取不便，挖苗时应尽量减少须根损伤，并蘸泥浆护根。挖出的苗木，要尽量减少风吹、日晒时间，并且要及时根据苗木的大小和质量好坏进行分级。苗木质量的好坏，直接影响栽植成活率和生长结果的好坏。分级应根据苗木规格进行，不合格的苗木应留在苗圃内继续培养。

（4）苗木检疫、消毒　苗木检疫是防止危险性病虫害传播和蔓延的重要措施。各地可根据当地情况，制定具体对策，对检疫病虫害严加控制和防范，做到疫区不输出，新区不输入。严禁从疫区购买苗木、接穗和种子。如果外购苗木、接穗和种子，则必须经当地植检机构检验，并发给检疫证，然后才能调入。各育苗单位及有关人员，必须严格遵守检疫条例，严禁从国内外带进检疫性病虫害；一经发现检疫对象，就应采取果断措施，就地处理或销毁。苗木出圃，除进行检疫外，对其他病虫害也应控制传播，做好消毒工作。苗木消毒法有：第一，用 3～5 波美度石硫合剂药液浸蘸苗木根部，或喷洒根部 10～20 分钟，再用清水冲洗一次，以杀灭病菌。第二，用 1∶1∶100 的波尔多液喷洒苗木地上部，浸泡根部 10～20 分钟，再用清水冲洗一次根部。第三，苗量少时，用 0.1%浓度的升汞液浸苗 20 分钟，再用清水冲洗一次。因为此药对人有毒害，故用时要注意安全。第四，用 0.2%～0.5%的五氯酚钠水溶液喷洒苗木，若与石硫合剂混用，杀菌效果更好。第五，对害虫要用溴化甲烷等熏蒸法杀灭。其方法是在密闭的室内，每立方米用量为 60 克溴化甲烷，熏蒸 4 小时左右即可。

（5）苗木包装与运输　经过分级、检疫和消毒的苗木，才能包装外运。远运的苗木一定要做好包装、保湿工作。包装材料可用草帘、蒲包和麻袋等物。包装前，将苗木按 50～100 株作一捆，一一捆好。在根系间填些湿润的稻草和麦草等物，然后用草袋、蒲包包好根部，用草绳捆紧，并在外面包一层塑料布，以保持根系有适宜湿度。在每捆苗子上都要拴牢标签，注明品种、等级和数量。装运苗时，不要穿带钉子或硬底的鞋，以免踩破苗干皮层。装苗到一定高度后，要蒙严大篷布，并用绳子拉紧，以防汽车运行时风干苗根。

(6)苗木假植　苗木不能及时外运或栽植时，为防止风干受冻，需要假植。短期假植不能外运的苗木，可就地开浅沟，将分级、打捆的苗木，斜植于沟内，用湿土埋好根部，防止风吹日晒。对于秋、冬季起出的、需要翌春栽植外运的苗木，需要越冬假植。首先，选择地势平坦、排水良好的避风处挖假植沟，假植沟以东西向较好，沟深 60 厘米，沟宽 1 米左右，沟长视苗木数量而定。然后，将假植苗木顺沟斜放，摆一排苗，埋一层湿沙(土)，使根与土充分密接。当土埋 30 厘米时，要往沟内适量灌水，以使沙土与根系紧密接触。严寒地区要求埋土到定干高度，填土要细碎，打碎大土块，使沟内不留空隙。较弱小的苗木，应用土埋严。在春风大的地方，为防风干苗梢，可用席子遮荫。假植苗根怕干，无沙土填充时，根易发热、发霉，故应经常抽查苗捆，如发现失水、发热，要填沙喷水。假植时，注意记载品种、等级和数量，以防错混。

(二)高接换种技术

1. 品种、砧木的选择　主要选择老、劣品种做砧木，高接新品种，品质优良、适应性好、市场前景好的品种。不同品种作砧树，嫁接同一良种，其成活率有差异，但是亲和性都还可以。可根据实际情况搭配砧穗组合。据各地大量高接试验，适于高接砧树树龄一般在 20 年生以下，其中以 10 年生以下较好，以 3～5 年生为最好。因为树龄小，树势强，树液多，形成层活动旺盛，所以易成活，树冠恢复快，结果早，产量高。

2. 高接换种操作

(1)高接换种的时期　在春、夏、秋三季都可嫁接。嫁接时期不同，其嫁接方法也因之而异。春季利用硬枝作接穗，采用皮下接、切接、切腹接和劈接等方法。夏季利用绿枝或芽作接穗;秋季进行高芽接,有"丁"字形芽接、芽片贴接和嵌芽接等方法。

(2)高接部位的选择　高接换种是改造果园群体结构、树形的良好方法。在密植园高接时,可以按纺锤形的整形要求,在中央领导干上多嫁接侧生分枝,尽量压低侧生枝的嫁接部位,突出中央领导干的优势位置。这样,可以有效地控制树体的横向生长,保持中央领导干与侧生枝的适宜对比关系,为形成标准纺锤形奠定基础。在稀植园高接时,一般应按中、大冠树形的整形要求,确定各级枝的嫁接部位。注意从属关系,避免平头形,保持中央领导干高于主枝,主枝高于侧枝,侧枝高于其他枝组。在芽接时,更要注意这一点。另外,还要注意嫁接方位。高接枝一般在枝干的侧背部,这样不易发生劈裂,有利于接枝新梢的自然开张和接口愈合。

(3)高接方式的选择　高接方式有三种:一次性多头高接、大抹头高接和多次性高接。目前,生产上多采用一次性高接,一次换完全树。其优点是,便于管理,恢复树冠快,有利于早结果,早丰产。操作方法是:一次性将全树该更换的枝头、枝组全部高接新品种,无论春季高接,还是秋季芽接,都是如此。但应注意,这种方式不适宜老的结果树采用,因为一次性剪掉枝量太多,容易造成部分根系死亡。

(4)高接部位粗度的选择　嫁接部位的粗度以直径为 2～3 厘米较好。这样嫁接成活率高,接口愈合快,接枝长得好。

(5)高接换种方法

①皮下接:这种嫁接方法也叫插皮接,技术简单,操作方便,容易掌握,成活率高,适合各类枝的嫁接,只要砧木处于离皮状态就可进行嫁接,其嫁接时期从 4 月下旬至 5 月底均可。只要接穗保存好,新鲜度大、不萌芽,适当晚接也可。采用此法嫁接,枝梢不抗风,风劈率高,需绑支棍,固定新梢。操作程序如下:第一,削接穗,接穗长 10～12 厘米,在接穗基部 4～6 厘米处向下斜削,由浅而

深，直到削断，削面要长、光、平、薄，呈马耳形，在其背面的尖端两侧，各斜削 0.5 厘米以上的小削面，呈箭头形。第二，切接口。在削平的剪锯口竖切一刀，深达木质部，长 2～4 厘米。用刀向两边拨皮，使之微微翘起，以利于插入接穗。第三，插入接穗。接口切好后，立即将削好的接穗尖端对准切口，大削面紧贴木质部，缓缓下推，慢慢插入，使削面末端露出 0.1 厘米左右，这样有利于形成平滑接口愈伤组织。如果砧木粗，在对面再接一根接穗。第四，包扎。接穗插定后，用塑料条扎紧封严，以利于成活。

②切腹接：用高接树内膛直径 2 厘米以下细枝嫁接。此法操作简便，简单易学，嫁接时间长，春、夏、秋、冬季均可进行。操作程序如下：第一，切砧木。在细枝光滑部位剪截，一般留 4～6 厘米，在剪口下选合适的方位斜切 2～3 厘米长的切口。第二，削接穗。将硬枝接穗基部削成 2～3 厘米长的大削面，呈马耳形，另一面削成稍短的小削面，最好是一边宽一边窄些。第三，插穗包扎。插接穗时，用手轻掰砧木上端，使斜切口微张，随即将接穗长削面朝向木质部，注意一边与形成层对齐，松手后，砧木便夹紧接穗。然后用剪刀剪断接穗上端，用塑料条扎紧。

③皮下腹接：此法主要用于高接桃树内膛光秃部位的补接，时间在树离皮时。一般在 4 月下旬至 5 月上旬。操作程序如下：第一，削接穗。同皮下接法。但因嫁接部位多为粗大枝干，皮层较厚，所以应将接穗切得长一些。第二，削切口。先刮去嫁接部位的老翘皮，在露出新鲜皮的时候，用切接刀在该处切成“丁”字形切口，深达木质部；在“丁”字交叉点处倾斜挖去一块半圆形树皮，用撬子插入“丁”字形切口，拨大切口，以利于顺利插入接穗。第三，插接穗和包扎。将接穗大削面贴砧木木质部，对准切口，用两个手指护住切口两边，缓缓插入接穗，使接穗顺切口方向插入，勿使其偏斜，并使削面末端微露 2～3 毫米。最后，用塑料条扎紧保湿。

④芽接：芽接有高芽接和带木质部芽接两种。第一，高芽接：

用于2～4年生树的高接换头，或用于骨干枝上萌蘖枝补接，在7～8月份用"丁"字形芽接法，接于萌蘖的基部。第二，带木质部芽接：多用于枝干光秃部位。此法简单，易于掌握，嫁接速度快，包扎材料用量少，节省接穗，嫁接期长，树离皮就能嫁接。用1年生枝和当年生新梢均可嫁接。嫁接时，先将要嫁接部位的老翘皮刮掉，露出白皮，切一"丁"字形切口。在接穗上选择饱满的芽子，从其背面削一长5厘米的马耳形斜面。另一面先端的削法同皮下接法。手持削好的接穗，插入"丁"字形接口，待芽基距"丁"字形接口横切面2～3毫米时，用切接刀对准切接口，将接穗切断，带木质部的芽便留在接口内。然后，用一树叶盖住接芽，并用塑料条包好。

3. 高接后的管理 高接后的树体和肥水管理环节较多，管理不当常造成成活率降低、接口愈合不良等。因此，高接后要做好以下管理工作：

（1）补 接 一般高接后10天左右，就能判断是否成活。凡是成活者，皮保持青绿，春、夏季嫁接的芽子开始萌发；未成活的接穗，皮部皱缩干枯，单芽死亡。应及时进行补接。

（2）除萌蘖 高接后的砧树，会从枝下各处萌生许多萌蘖。这些萌蘖会消耗大量养分和水分，还严重影响高接枝、芽的成活。因此，要及时掰除萌蘖。

（3）解除包扎物 当嫁接的品种枝条或芽成活后，应于适当时候解除包扎物。一般当新梢长到30～50厘米时，应解除包扎物。

（4）绑缚支棍 高接后，新梢抽生多而旺，愈合未牢，易被人、畜碰折或被风吹劈。为此，当新梢长到30厘米时，应在接枝对面绑缚支棍，待新梢完全木质化时，再去掉支棍。

（5）高接枝的修剪 在气温适宜地区，当高接枝长到30～35厘米时，进行轻摘心，以利增加分枝，扩大树冠和早结果。秋季，将各级骨干枝的高接延长枝，用拉枝、捋枝等法，调整到需要的角度。冬季，要对各级枝长度为70～100厘米的延长头进行轻剪，以利于缓势多发枝。对其余枝，适当疏剪直立枝和过密枝。

(6)加强肥、水管理 为了促进高接枝芽的愈合和生长，接后应及时灌水。待枝梢长到20厘米以上时，应适量追肥，株施果树专用肥0.5～1.5千克。以后根据土壤状况，还应浇1～2次水，追一次肥。后期要喷布3～5次磷、钾肥，促进枝梢成熟和及时停长，以利于安全越冬。

(7)防治病虫害 高接树接芽萌发较晚，新梢幼嫩，易遭害螨、蚜虫、卷叶虫为害，要及时防治。雨季来临以前，喷一遍波尔多液；雨季中每20天喷一遍波尔多液，防治早期落叶病。还要注意防治为害接口、切口的枝干害虫，以保护树体和接枝的正常生长。

思考题

1. 什么是无性繁殖和有性繁殖？各有什么优缺点？
2. 培育桃嫁接苗需要经过哪些步骤？
3. 桃树高接换头有哪些意义？怎样进行桃树的高接换头？

第五章　建园技术

一、专业知识

(一)桃园生态环境对桃树生长发育的影响

1. 温　度　桃树喜温耐寒，从南纬35°～40°到北纬50°之间的广大地区都有分布，经济栽培则在北纬25°～45°之间。从我国主要桃产区的气温情况分析，南方品种群适栽地区年平均温度为12℃～17℃，北方品种群为8℃～14℃。对多数品种的研究认为，生长期平均气温达24℃～25℃，桃果产量高，品质优良；温度过高或过低，桃果品质均下降。桃具有一定的耐寒力，一般品种耐－22℃～－25℃的低温。北方冬季严寒、生长季热量不足和早春的剧烈变温，是桃树北移的限制因子。萌动期的花芽耐－5℃的低温，花蕾耐－3.9℃的低温，花朵耐－2.8℃的低温，幼果耐－1℃的低温。

2. 光　照　桃原产地海拔高，光照强，形成了桃喜光的特性，表现为树形小，干性弱，树冠稀疏，叶片狭长。据测定，桃树的光补偿点约为2.6千勒，光饱和点为40千勒左右。北方夏季晴天，中午时的光照强度约为100千勒。桃对光照强度反应敏感，当光照强度降到自然光的30％～50％时，新梢生长受到明显抑制，净光合速率下降。芽萌动期至花期光照不足，会降低桃树的花粉发芽率和坐果率。幼果膨大期光照不足，会使幼果发育迟缓，并大量脱落。光照不足还会降低桃果的单果重和可溶性固形物、可溶性糖、可滴定酸的含量，不利于花青苷的形成。根据桃喜光的特性，在栽培上必须注意控制好桃树群体结构和树体结构，合理调控枝条密度，采用开心树形，生长季多次修剪，使桃园通风透光良好。

3. 土　壤　桃树在平原、丘陵和山坡地上均可栽植，在砂土、壤土、黏土及砂石含量较高的山前冲积扇都能生长，但最适宜的是透气性、排水性良好，土层深厚的砂质壤土。生长在黏重土壤上的桃树易发生流胶病、颈腐病。桃树喜微酸至微碱性土壤，以 pH 值 4.9～7.2 为宜。桃树具有一定的耐盐性，在江苏沿海地区（含盐量为 0.1%～0.2%）的盐碱土上也能生长。

4. 水　分　桃树最怕土壤淹水和长时间湿度过大，淹水 2～3 天的桃园，会出现大量死树。地下水位高，土壤湿度长期偏大，会导致根系早衰，叶片变薄，叶色变淡，光合能力降低，进而导致落叶、落果和流胶等现象的发生，甚至造成植株死亡。桃树抗旱性强，适度的水分胁迫可以防止新梢生长过旺，有利于果实发育、花芽分化和枝条成熟越冬，同时可减少果园管理用工，降低生产成本。幼果膨大期及硬核期，适度的水分胁迫对桃树树体发育、果实产量和品质没有不良影响。但在果实迅速生长与成熟期对土壤水分胁迫敏感，水分不足会严重影响果实的发育，导致果实小，产量降低。土壤水分严重不足，会造成根系生长减缓或停止，新梢生长弱，叶片发育不良，出现灼伤、卷曲和脱落现象。果实对水分不足敏感，干旱会抑制果实生长，甚至造成果实萎缩或脱落。

（二）交通条件和市场辐射面对桃果效益的影响

桃园所在地的运输条件和需求量大小，是决定桃园规模和品种选择的重要因素。当地的运输条件差，远离城市或工矿区，则应选择耐贮运的硬肉品种。如果离城市和工矿区较近，则可适当选择一些软溶质的品种。如果当地的运输条件差，水果外销困难，在品种选择时则应注意本地的消费习惯。例如，有些品种尽管对当地的水土适应性强，丰产性能表现也好，但与当地的消费习惯不一致，那么应少量发展或不发展。另外，生产规模也应与当地的需求量保持一致。

二、操作技能

（一）园址选择的标准

桃园应建立在空气清新、水质纯净、土壤未受污染、没有粉尘和酸雨少、具有良好农业生态环境的地区，避开繁华都市和工业区集中的地方。河流或地下水的上游没有排放有毒有害物质的工矿企业，灌溉水源应是深井水或水库等清洁水源，避免浇用污水或塘水等地表水。桃园地本身不含天然有害物质，未长期施用含有毒有害物质的工业废渣，附近没有污染源对桃园环境构成威胁，尤其是上游或上风口不得有排放有毒有害物质的工矿企业。

选址建园应当尽量避开果园重茬地。重茬地土壤有害物质（包括前茬果树的分泌物、病菌害虫残余、农药及其他农用化学物质残留等）比较多，营养物质匮乏且严重不均衡，微生物群落发生改变，有害生物如线虫、病原菌等泛滥，严重抑制后茬桃树的生长发育。

桃园地选择还要做到"因地制宜，适地适树"。只有在最适宜的地方栽种最合适的桃树品种，桃树生长才会最好（包括病虫害最轻），管理才最容易。选地时，首先要明确当地的气候条件和土壤特点。在冬春气温偏低的地区或干旱地区，应当选择靠近大水体的地方，这样可以调节气温和湿度，能在一定程度上减轻霜冻和旱害。山地缓坡、丘陵地带，光照充足，昼夜温差较大，不易遭受霜害，利于提高桃果品质；沙荒地、河海滩涂，甚至轻盐碱地，只要规划合理，改良土壤，正确设置排灌系统，选择适宜的树种或品种，也可以栽培成功。

(二)园地规划与建设

1. 园区的划分　根据地形、地势和土壤条件,因地制宜,将果园划分成不同或相等面积的作业小区。果园小区的面积取决于果园规模、地形及地貌。对于国营大桃园或桃树生产基地,在地势平坦的地方,小区可以设计大一些,一个小区的面积可在10公顷以上。小区的形状经常被设计成长方形。在起伏不平的丘陵山地,以及地形切割较为严重的地方,小区的面积应相应减小,且形状也不应作统一的规定。小区内的土壤条件要求相对一致,尤其是土壤质地应大体一致。另外,每一小区内应栽种一个品种,或两个成熟期较为相似的品种,这样有利于田间管理。

2. 道路及附属建筑物的规划　桃园必须设置道路,便于运输产品、肥料和农药等物资。园内道路的多少取决于桃园的规模和小区的数量。在位置适中的地方,要安排一条贯通全园的主干道,在小区之间要设支路。主干路宽5～7米,可以通卡车和大型运输机械,并与贮藏室、农具室和包装场相通;支路较小,一般2～4米宽,主要用作人行道和大型农业机具的通道。在面积较大的果园农场,主干路和支路间还应设置一级干路,以便于小型汽车及农用机具通行。

果园附属建筑物,主要包括管理用房、贮藏室、农具室和包装场等。包装场的设置往往容易被人们所忽视。包装场是果实分级包装的场所。果实采收后,一般立即运往包装场进行分级和包装。它也是出售前水果临时贮藏的场所。因此,必须重视并设置好包装场。

3. 排灌系统的建设　排灌系统的建设,在桃树高效栽培中起着重要的作用。在我国大部分地区,均需进行灌溉栽培,才能实现桃果的稳产和优质。同时,桃树也怕涝。在我国南方地区,地下水位高,降水量大,尤其是一次性降水量大时,桃园排水系统显得更加重要。

4. 防护林的规划 桃园防护林可以改变园内小气候的条件，减轻自然灾害的程度。例如早春花期遇到寒流袭击的时候，防风林能降低风速，减缓桃园降温的速度，从而有可能避免冻害的发生，或减轻花及幼果的冻害程度。防风林带的类型有两种，即紧密结构林带和透风结构林带。紧密结构林带，由高大乔木、中等乔木和灌木三种类型的树种组成。这种由高、中、低三种不同高度树种组成的林带，由于结构紧密，透风力小，对保护区内调节温度和增加湿度的效果好，但是这种林带保护范围小。因透风力弱，冷空气容易下沉形成霜冻、积雪和下降风沙。透风林带，由高大的乔木组成。它允许部分空气流穿透林带，使大部分气流向上，在桃园上空流过。这种林带对保护区内调节温度和增加湿度的效果不如紧密结构林带，但保护的范围大，冷空气下沉速度慢，形成霜冻轻，积雪和积沙比较均匀。综合上述两种林带的优点，现在一般使用半透风林带。半透风林带由一层高大乔木和一层灌木组成，其防护效果取决于林带的通透性、林带的高度和林带本身的一致性。防护林的规划方法如下：

(1)通透性 林带的通透性一般以50%为宜。例如，使用毛白杨与紫穗槐或花椒树配置效果较好。

(2)林带的高度 对半透风林带来讲，能提供的保护范围，在迎风面为林带高度的5倍以上，而在背风面则可达20倍左右。

(3)林带本身的一致性 多数高大乔木，随着树体的长高，树体基部开始光秃。因此，最好使用2～3种不同的树种，来保证林带本身从上至下防风性能一致。2～3种不同的树种组成的林带，还能起到减少树体之间病原物传播的作用，防止林带树种大量死亡。

(4)防风林带的方向 为了保证防风效果，林带应与主要风害的方向垂直。在我国北方，一般在桃园的西北面设置防风林带。

(5)防风林的树种选择 树种的选用应遵循以下几个原则：对

当地水土适应性强；不窜根，与桃树水肥竞争不激烈；寿命相对较长；乔木树种生长速度快、高大，灌木树种枝多叶密；与桃树无共同病虫害；具有一定的经济价值。

(6)栽培密度　根据树体本身的生长势，主要树种的株距应在0.5～2米之间。

(三)桃园标准化整地

绿色无公害桃园建立之前，最好对桃园土壤进行严格的整理与消毒，包括消除前茬作物的残枝败叶、树桩残根；对土地进行翻耕、晾晒和灌水，促进有机残体的腐烂分解；改土施肥，增施有机肥，使土壤活土层达到60厘米以上，有机质含量超过1%，必要时在定植穴内换土。

1. 整地改土　平地建园可以将有机肥或秸秆切碎，按所需数量均匀撒在地表，再用深耕机在全园翻耕50厘米深，这叫全园改土法。也可采用壕沟改土法，即先按设计行向测量定出定植行中心线，沿此线挖出宽、深均为80～100厘米的壕沟，暴露一段时间后，分层压绿回填。每米壕沟至少压埋50千克绿肥或植物稿秆。在表层土壤中混入一些堆肥或厩肥。如果果园土壤偏酸，则应在回填时混入一些石灰或酸土改良剂；如果桃园土壤偏碱，则应在回填时混入一些酒糟或碱土改良剂；如果桃园土壤为钙质土壤，则需要在土壤中混入适量的硫黄粉。回填完后，要将定植行堆成高垄，土壤沉实后仍可保证地面平整。不论什么类型的土壤，都应当大力增施有机肥，而不能用工矿废渣等有毒有害物质改良土壤。

在海涂或水田上建园，应将定植行筑成长高畦，其间挖出深沟，以降低地下水位，增加有效土层厚度。海涂盐渍地建好桃园后，应引入大量淡水多次浇灌园区土壤，以起到洗盐作用，降低土壤盐分含量；或者在沟穴下部60厘米处埋30～40厘米厚的杂草(压实后约5厘米厚)，以吸附并阻断上返盐分。果园建成后，应在定植前种植一季短期耐盐或吸盐力强的先锋作物，例如田菁、苕子、大麦和棉花等，起到降盐改土的作用。

山地建园需要修筑梯田。为了保持水土，加厚土层，方便管理，为桃树的生长发育创造适宜的立地环境，山地桃园以修筑梯田为好。一般坡度角在15°以下的山坡地，可以建成较宽梯面的水平梯田，梯壁不太高，土石方需要量不大。但随着坡度角的加大，山坡变陡，修筑梯田的成本大大增加，修建难度也大大提高，修成的梯田坎高梯面窄，不便果园管理。修筑得比较完善的梯田，应该梯面宽3～4.5米以上，梯壁牢固，高度不超过3米，内向倾斜角60°～70°；梯面外高内低，内倾角5°～7°，横向平整并保持0.3%～0.5%的比降，梯面外沿边埂高10厘米，宽20厘米，梯面内侧背沟宽30厘米，深20厘米，比降为0.3%～0.5%，有沉沙凼。在建园工作结束后，应立即按设计的行距在梯面或坡面上划出定植行中心线，并在中心线两侧划出壕沟边线，挖出80～100厘米深、100厘米宽的定植壕沟，分层压埋绿肥。表层回填土中应混入腐熟的有机肥。回填完毕后，将定植壕堆垒，形成高出地面20～30厘米的垄。

2. 土壤消毒 园地土壤消毒主要依靠热力技术，如土壤暴晒和施肥发酵等。土壤暴晒技术是在已经准备好种植作物的潮湿土壤上(一般要求含水量在60%～70%)，在炎热的季节里(夏季)，应用塑料薄膜覆盖土壤4个星期以上，提高一定深度土壤的温度，达到杀死或减少土壤中有害生物的一项技术。它的主要原理是应用经热灭菌的作用，杀死土中有害生物。

土壤暴晒可引起土壤的变化及防治土传有害生物。比如暴晒后土壤中的铵态氮、硝态氮、镁离子、钙离子浓度增加，土壤导电性增加，土壤结构改善，团粒结构增加；土壤中的芽肥植菌、荧光杆菌、青霉菌、曲霉菌和木霉菌等有益微生物的种群数量增加，而土壤有害生物种群数量降低，如线虫的螺旋属等的种群数量减少，发病率降低。该技术的重点是塑料薄膜的覆盖，有两种使用方式，一是种植前的处理，即将塑料薄膜完全平铺或者是像畦田（床式）覆盖。另一种是种植后的处理，即对桃树树干周围的土壤暴晒消毒，也可对树苗苗床消毒。土壤暴晒技术有六种做法：

（1）*单膜覆盖技术*　在亚热带气候地区应用单层膜覆盖土壤，足以达到消灭土传有害生物的效果。膜的厚度为60～80微米。

（2）*双层膜覆盖*　在暖温带地区，于温室中使用双层膜覆盖，能防止热量、温度和挥发气体的散失，提高温度3℃～10℃，增加防治有害生物的效果。

（3）*黑色膜覆盖加土壤热水处理*　田间应用黑色膜覆盖，同时结合用热水处理土壤（在10～20厘米的土壤中，灌进15℃～20℃的温水），能使土壤温度提高到56℃～60℃，提高防治效果。

（4）*有机物发酵*　在薄膜下的土壤施入未腐熟的有机肥，靠有机物的腐熟发酵进一步增温。

（5）*电加热*　薄膜下的土壤中埋设电热线，通过电加热进一步增温。

（6）*其他技术*　如使用能吸收红外线的热塑料膜，土壤覆膜和加入低度的溴甲烷熏蒸剂，在薄膜下的土壤中施入甲醛，进一步提高消毒效果。

土壤消毒也可用37%甲醛处理。处理时，将定植穴内或栽植沟内的土壤挖起，然后边填土边喷洒福尔马林，喷洒后用地膜覆盖土壤，杀死土壤内的线虫、细菌、放射菌和真菌。也可用1，3-D，EDB，BBCD（1，2-二溴-3氯丙烯）等杀线虫剂，克菌丹杀菌剂，广谱性生物杀伤剂，如三氯硝基甲烷和溴甲烷，以杀死线虫、真菌和细菌。也可用棉隆，在每平方米的土壤内施入50克甲烷，再加入22.5克氰化苦；或用高剂量的溴甲烷，每平方米土壤中施入100克溴甲烷。这种消毒方式一般用于治理重茬地。因为使用了剧毒农药，故建立无公害果园时不宜用。

(四)苗木定植

1. 栽植时期 果树的定植均应在苗木地上部分生长发育相对停止,土壤温度达 5℃～7℃以上时进行为宜,实际生产上桃树以春季栽植为主。

2. 栽植密度与方式 栽植密度是指单位面积内栽植的桃树株数。栽植密度过稀,光能利用率低,单位面积果品产量低,但果实受光条件好,质量高,也便于机械化管理;栽植密度过密,早期产量上升快,但后期果园郁闭,管理不便,果实产量和品质会迅速下降。现代化桃园要实行合理密植,既要有利于提高早期产量,又要有利于持续高产和优质;既要充分利用土地和光能,又要便于管理。栽植密度要根据品种特性、地势、土壤、气候条件、管理水平和栽培方式等因素确定。在土壤瘠薄的山地、荒滩或使用矮化砧木的苗木,可以略密植,在平原和肥沃土壤上可稀植。平地桃园一般实行长方形栽植,南北行向,行距大于株距;山丘地桃园实行等高栽植,株距沿等高线方向,行距随地形坡度变化。目前,常用的栽培密度为 555～832 株/公顷。

3. 主栽品种与授粉树配置 一个果园,一般主栽品种应占 70%～80%,授粉品种占 20%左右,授粉效果好的可减为 10%。授粉品种要与主栽品种的结果年龄和花期基本一致;花粉亲和性好,花粉多,能互相授粉,并且丰产,果实经济价值高。最好是 2～3 个主栽品种间能互相授粉。

4. 定植与管理

(1)*定点挖穴* 定植前做好桃园的规划和设计,平整地面。在测好的定植点上挖掘深×直径为 80 厘米×100 厘米的定植穴,在砂土瘠薄地可适当加大到 100 厘米×100 厘米。挖坑时,要将表土与心土分开,坑为直筒形,上下大小要一致,不要挖成锅底形。填土时,将表土放坑底,然后分层压埋有机物(可用绿肥、杂草、稻草和垃圾等)，放一层草料，填一层土。施肥在种植前 7～15 天进行，一般每株施腐熟的豆麸或花生麸 0.5 千克，或农家肥(猪、牛、羊、鸡粪皆可)10～15 千克。肥料要与土壤充分拌匀，不能与根群直接接触，以防止灼伤根群。

(2)苗木整理　如果苗木数量较大，应按大小分级，边分级，边对根群和枝梢作适当的修剪。栽植前应对根系进行修剪，将烂根、伤根、干枯根和残根剪掉，即使好根也要稍剪掉一部分，主要是控制病根的病菌及刺激新根萌发。如苗木运输距离较远、失水较多时，在栽种前应将根系放入水中 12 小时以上，使苗木充分吸水。不带土移栽的苗木，定植前应进行泥浆蘸根处理，这可使根系保持湿润，提高成活率。

(3)栽　植　栽植时，应把各条根理直、理顺，使之在植穴内各个方向均匀地、略斜向下方分布，如果侧根从直根上分几层发生，应从下而上，分层把根理顺，逐层填上细土，用手压实，使根系与土壤充分接触。苗木嫁接口要朝迎风方向，以防风折。栽植深度以根颈部(即苗圃地的苗木根系与地面交界处的部位)与地面相平为宜。嫁接部位较低的苗木，特别是芽苗，一定要使接芽露出地面 5 厘米以上。如果栽植过深，接芽被埋入土中，则影响成活。

(4)及时浇水与覆盖　桃苗栽植以后应立即浇水，水渗下后进行地面覆盖，可盖草也可覆膜。地膜覆盖一是可提高地温，有利于快速生根；二是可以保湿，防水分蒸发，提高成活率；三是可防止杂草生长。盖草，即用作物秸秆、树叶、杂草覆盖树盘，这样既能保墒，还能防寒，成活率也提高。

(5)定　干　苗木栽植后要及时定干。桃、油桃一般采用开心形，应于 50～60 厘米处定干。在剪口下 20 厘米整形带内，要选留饱满芽作主枝用。定干后在伤口处涂上生物油或油漆，以防抽干。也可作套袋处理，即用地膜做成宽 10 厘米、长 50 厘米的塑料套，将苗木自上而下地套住，将下部用绳系牢。这除了可以防止抽干外，还可使苗木提早萌芽，提高萌芽整齐度，以及防止春季象鼻虫等啃食幼芽。芽长到3～5厘米时，把绳解开放风。清早或傍晚除袋，除袋过晚易烤伤新梢。

(五)栽后管理

1. 剪　砧　栽后即可剪除接芽以上的砧木，剪口位置在接芽上方0.5厘米左右。留桩过高，影响愈合，形成死桩；过低会使接芽风干枯死。在有风害的地区，剪砧后要立支柱，当苗长到40厘米时，即可开始绑缚，以防折断。

2. 除　蘖　砧木上的萌蘖要及时剪除，其关键时期是4～5月份。除萌蘖是一项细致的作业，切勿将接芽误当砧木除去。如接芽死亡，可选留一个强壮的萌蘖作为新砧木培养，待秋季补接。

3. 摘心定干　当接芽抽梢，长到55～60厘米长时，即可摘心定干。将顶芽下方15～20厘米部位用作整形带，选留3～4个位置、方向、角度适宜的2次枝，作主枝培养。

思考题

1. 桃园规划的内容包括那些？
2. 桃园主栽品种与授粉树的配置比例以多少为宜？
3. 确定桃树栽植密度时应考虑哪些方面？

第六章　桃园土肥水管理

一、专业知识

(一)土壤质量对桃树生长发育的影响

土壤是桃树生长发育的基础,良好的土壤有利于根系的伸展,促进树体发育。改善土壤微环境,提高肥效,从而满足果树对水、肥、气、热的需求,是丰产的基础。土壤的母质是由岩石风化而来,母质的性状取决于岩石的理化性质和风化特点,从而形成了各种土壤,也就直接影响土壤的养分状况。不同类型土壤的 pH 值、通气性、导热性和水分的运动状况不同,土壤中微生物的活动、有机质的分解和养分含量的高低也不同。这些因素都会影响根系的生长和分布,影响桃树的生长发育、对环境条件和病虫害的抗性,进而影响产量和品质。

(二)桃树的需肥规律及桃园的施肥依据

1. 需肥规律　年周期中,桃树营养可分为四个时期:第一个时期是利用贮藏养分期;第二个时期是贮藏养分和当年生养分交替期;第三个时期是利用当年生营养期;第四个时期是营养转化积累贮藏期。营养生长和生殖生长对养分竞争的矛盾,同样贯穿于桃树营养期的各个阶段。

(1)*早春利用贮藏养分期*　萌芽、枝叶生长和根系生长与开花坐果对养分竞争激烈,开花坐果对养分竞争力最强。因此,在协调矛盾上主要应采取疏花疏果措施,减少无效消耗,把尽可能多的养分节约下来，用于营养生长，为以后的生长发育打下坚实的基础。根系管理和施肥，应注意提高地温，促进根系活动，加强树体对养分的吸收。从萌芽前就要开始进行根外追肥，以缓和养分竞争，保证桃树正常生长发育。

(2)养分贮藏和当年生养分的交替期　又称青黄不接期。此期是衡量树体养分状况的临界期，若养分贮藏不足或分配不合理，则会出现“断粮”现象，制约桃树的正常生长发育。加强秋季管理、提高树体营养贮藏水平，疏花疏果、节约养分等措施，有利于延长春季贮藏养分供应期，提高当年生养分供应，缓解矛盾。这是保证桃园连年丰产稳产的基本措施。

(3)利用当年生营养期　此期养分利用中心主要是枝梢生长和果实发育，新梢持续旺长和坐果过多是造成营养失衡的主要原因。因此，调节枝类组成，合理负荷，是保证桃树有节律生长发育的基础。此期是氮素的大量吸收期，所以在施肥上要保证稳定供应，并注意根据树势调整氮、磷、钾的比例，特别是氮肥的施用量、施用时期和施用方式。

(4)养分积累贮藏期　这是叶片中各种养分回流到枝干和根中的时期。早熟、中熟品种从采果后开始积累，晚熟品种从采果前已经开始，二者均持续到落叶前结束。适时采收、早施基肥和加强秋季根外追肥，防止秋梢生长过旺，有效保护秋叶等，是保证养分及时、充分回流的有效措施。

桃树吸收氮、磷、钾的比例大致为 10∶4.5∶15。由此可以看出，桃对钾肥的需求量较大。如果缺钾，就会造成果实发育不良，导致个小，可溶性固形物含量降低，着色不良。此时，桃对氮肥比较敏感，氮素过多则营养生长过旺，氮素不足又容易造成叶片黄化。

2. 桃园施肥依据

(1)土壤诊断　这是对某一地块按规定方法进行取样，然后对样品进行规定项目的测定，并对测定结果进行分析整理，最终确定该地块的农化性状的技术手段。土壤诊断可以了解特定地块土壤肥力状况，进而通过目标产量确定施肥量及肥料的分配。但是，不同区域或同一区域的不同地块的有机质含量、土壤质地、团粒结构等不同。不同地块中，同样的诊断数据所反映的实际土壤肥力是不同的。土壤诊断作为常规方法其结果可信与否，很大程度上依赖于样品是否具有代表性，所以能够采集一个有代表性的土壤样品，比准确的样品分析更加重要。正确选择采样方法，则是决定样品代表性的关键。这包括采样时间的确定、采样点的取舍和采样工具的挑选。

(2)叶分析　这是通过对桃树叶片营养状况的分析诊断，并根据诊断结果提出肥料的适宜施用，以及通过调节肥料的施用，来解决树体营养不平衡的问题。果树的结果数量、生长势、修剪措施以及土壤管理制度，都会影响叶分析的结果。所以，对于桃树的叶分析诊断就要求有一个统一的标准和方法，以利于桃树叶片诊断数据的利用。

(3)树相分析　这是通过对树体长势，花、叶、枝、果的表征情况，判断树体营养情况。它应用广泛、简单方便。但是，这种技术过于依赖个人的经验和判断力，难以形成统一的判断标准，而且当树体已经出现明显可见的营养失衡症状时，往往很难补救，已经造成了损失。

桃园管理是一项综合性技术，包括肥料的施用、栽培管理和病虫害的防治等。这要求我们在营养诊断时，要把土壤诊断、叶分析诊断与树相诊断结合起来，联合进行分析，才能发现栽培管理中存在的限制因子，进而采取针对性措施来调节桃树对营养元素的吸收、利用、分配和积累，从而实现养分的平衡管理。

(三)桃树需水规律及桃园灌水与排水

给桃树灌水，应根据不同生育阶段的需水情况、降水量多少以及土壤性质来决定。在北方桃园一般在萌芽前、开花后、硬核期、果实迅速生长期以及土壤封冻前根据情况进行灌溉。一般灌溉的原则是前期灌溉要充分，特别是萌芽前要浇足。而硬核期对水分状况较敏感，灌水量要小；果实生长后期应根据降雨情况确定灌水量，但上冻前一定要浇透。

桃树抗涝性差，对于地势低洼、排水不良的桃园，在雨季到来前应疏通排水系统，以防发生涝害而死树。

二、操作技能

(一)土壤管理

1. 深翻改土 通常秋季进行，深度一般在60厘米以上。栽植后的1～5年进行深翻，根据根系的扩展情况，从定植穴向外逐年扩穴深翻，最后挖通株行间。一般采用环状沟或半环状沟的形式，沟宽80厘米，深60～100厘米，每年深翻结合施用有机肥进行。深翻的方法还可采用隔行深翻或全园深翻进行。

2. 中耕除草 清耕与除草。清耕是我国北方桃园传统的土壤耕作方法。就是在整个生长季里不断地把杂草除掉，保持桃园土壤疏松无杂草。其优点是保持桃园整洁，避免病虫害滋生。对干旱地区桃园来说，清耕可以切断土壤毛细管，保持土壤湿度，是抗旱保墒的好办法。中耕法由于使土壤直接接触空气，所以春季可提高地温，使桃树早发芽。中耕的桃园，一般能保持较好的产量水平，而且果实品质较好。但是，中耕从桃园里把杂草除掉，除去了部分有机物质，这就需要多增施有机肥料。而且它破坏土壤的物理性状，土壤养分消耗大，也较费工。

3. 生草栽培制 即桃园不进行耕作，在树盘内或株间使用化学除草，行间保持有草状况，并进行定期刈割，将草覆盖于地面的一种土壤管理制度。生草方式有两种，即人工生草和自然生草。人工生草，是在行间播种禾本科或豆科草种，进行生草。而自然生草，则是通过对果园自然发生的有害杂草进行铲除，保留无害杂草的一种生草方式。

4. 覆盖制　在行间或全园内覆盖20厘米左右厚的杂草或作物秸秆，腐烂后再重新覆草的一种土壤管理制度。一种是覆盖有机物，另一种是覆盖地膜或反光银膜。有机物覆盖以覆草最好。一般来说全年均可进行，但春季首次覆盖应避开2～3月份的土壤解冻期，以利于提高土壤温度。覆草前应先浇透水，然后平整园地和树盘，使树干处覆草厚度略高于树冠下。覆草后，在行间开沟，以便贮水和排水，起出的土可以撒在草上，以防风刮或发生火灾，并可促使覆草尽快腐烂。桃园覆草后，应连年补覆，使其继续保持在20厘米厚度，以保证覆草效果。连续覆盖3～4次以后，秋冬应对园地进行一次翻耕，深度为15厘米左右，将地表的烂草翻入土中，改善土壤理化性状，促进根系生长，然后再重新进行覆草。

5. 间作制　在果树行间种植作物或药用植物，从而充分利用空地，增加收益。间作应选择生育期短，与桃树对肥、水、光照竞争矛盾小，能提高土壤肥力或改良土壤结构的植物，如油菜、豆科植物和药用植物(如黄芪、党参和白芍等)。也可在行间种植趋避植物，起到生物防治害虫的作用。在间作时，要留出足够的树盘或树带不种植间作物。

6. 免耕制　即在地表施用除草剂防除杂草，保持土壤不耕作状态的一种土壤管理制度。免耕法可以保持土壤结构不受破坏，但由于使用除草剂，果园中不生草，减少了有机物的来源，因此要注意增加有机肥的施用。有机栽培禁止使用除草剂，因此不适用此种方法。

7. 水土保持　我国桃园大约有2/3的面积分布在山地、丘陵、坡地上，水土流失十分严重。为了丰产、优质，建园前必须修好梯田，平整台面，改良土壤；建园后应继续修筑水土保护工程。

(1)工程措施　修筑等高水平梯田、坡式梯田或鱼鳞坑。山地桃园沟谷多，地形复杂，为防止水土流失，常于沟谷内修筑连续的水坝墙，也叫谷坊，以达保持水土的目的。

(2)生物措施　最有效的生物措施是栽树种草。在修好梯田、撩壕等工程后，即应种植宿根性护坡植物，如紫穗槐、沙打旺和金花菜等。所有坡地上都种植间作物，并且顺桃树行向开沟种植，缩短坡长，并辅以间作物覆盖，可以起到明显的护坡作用。

(3)综合治理　坡地桃园应适当密植栽培，株、行距一般要比平地各缩小 0.5～1 米，并采用种绿肥、覆盖有机物、深翻等措施，加深土层，蓄水保墒。砂地桃园，除营造防风固沙林外，有条件的应抓紧雨季引洪漫淤；无水源条件的，可客土换沙。对盐碱地，要深挖排水沟，修筑台田，以水冲碱，加强排水，客土压沙，种植绿肥植物和生草，营造防风林等。酸性土壤桃园，要注意施石灰中和酸性，为果树生长创造适宜的环境。

(二)施肥管理

1. 施肥时期

(1)基肥施用时期　基肥应秋施，因为秋季桃树叶片的光合作用仍较强，地温较高，根系处于生长高峰期，吸收能力强，而且伤根后易愈合，切断一些小根可促发新的吸收根，增强根系的吸收能力，提高树体的营养贮藏和花芽质量，保证桃树安全越冬，并为翌春桃树展叶、开花、坐果和新梢生长打下营养基础。因此，在早秋 9～10 月份施有机肥的效果最好。施基肥宜早不宜晚。

(2)追肥施用时期　追肥是使用速效肥料来补充某个生长发育阶段对所需养分的需求。具体追肥的次数和时间，应根据不同的品种、土壤肥力、负载量和树势具体确定。对于北方多数桃园，应搞好以下主要追肥时期的施肥：

①花前肥：在土壤化冻后到开花前施用，主要以速效氮肥为主。特别是对弱树、结果多的树应搞好花前肥的施用。

②花后肥：在花期结束后施用。主要以速效氮肥为主，配合施用磷、钾肥。此次追肥可以提高坐果率，促进幼果生长。

③硬核期肥：在果实硬核期开始时施用，以钾肥为主，配合施用氮、磷肥。此次施肥可以促进花芽分化，对于早熟品种还可以提高果实品质。

④果实膨大肥：桃果发育属双“S”形，在成熟前有一个迅速生长期。在此期施肥可以促进果实迅速膨大，提高果实品质。此次施肥主要是以钾肥为主。

2. 肥料种类及选择　桃树所用肥料一般为三类，即有机肥料、化学肥料和微生物肥料。

(1)有机肥料　这类肥料营养全面，肥效持久，是土壤微生物繁殖活动取得能量和养分的主要来源。有机肥料来源广泛，种类繁多。1990 年，农业部在对全国 11 个省、自治区广泛开展有机肥料调查的基础上，根据有机肥料的资源特性和积制方法，把全国的有机肥料归纳为粪尿类、堆沤肥类、秸秆肥类、绿肥类、土杂肥类、饼肥类、海肥类、腐殖酸类、农业城镇废弃物和沼气肥十大类，并收集了 433 个肥料品种。实际上，生产实践中有机肥料的品种远不止这些。

(2)化学肥料　是以矿物、空气与水等为原料，经过化学反应及机械加工后制成的肥料。其特点是养分含量高，肥效快，施用和贮运方便，共分为以下四类：

①氮素肥料：包括铵态氮肥、硝态氮肥和酰胺态氮肥三类。施用氮肥时应注意：铵盐、氨水和尿素均易溶于水。铵盐易与碱起反应，能释放出刺鼻的氨气。因此，在贮存和施用时，铵盐不要跟石灰、草木灰等碱性物质混合，否则会降低肥效。

②磷素肥料：包括水溶性磷肥（过磷酸钙、重过磷酸钙）、微溶

性磷肥（钙镁磷肥）及难溶性磷肥（磷矿粉）。

③钾素肥料：主要有硫酸钾、氯化钾和草木灰等。钾肥大多易溶于水，肥效较快，易被作物吸收利用。

④复合肥料：常用的复合肥料有磷酸氢二铵（又名磷酸二铵）、磷酸二氢钾和硝酸钾等。目前，广泛应用的复合肥，是将氮、磷、钾肥按一定比例混合后加工而成的。如目前应用较多的氮∶磷∶钾＝15∶15∶15的复合肥。还有一些复合肥，是将中微量元素与氮、磷、钾肥按一定比例混合制成的，以补充微量元素的不足。

（3）*微生物肥料*　又称为菌剂，即含有益微生物的接种剂。施用后，通过微生物的生命活动，能改善植物的营养状况，是一种新兴的无公害肥料。常用的有根瘤菌肥料、固氮菌肥料、磷细菌肥料及菌根真菌的接种剂等。在使用时，应当严格按照商品说明进行施用。若有疑问，须咨询有关专家，以避免肥料的浪费以及污染的发生。

3. 施肥量的确定　施肥量的确定，是一个十分复杂的问题。决定施肥量的因素很多，如目标产量、土壤肥力、品种、树龄和树势等。早熟品种、树龄小、树势强和土壤肥沃的桃园，施肥量要少一些；相反，晚熟品种、树龄大、树势弱和土壤瘠薄的桃园，施肥量要多一些。

在全年总施肥量中，基肥用量占总施肥的50%～80%，氮、磷、钾肥的比例大致为氮∶磷∶钾＝1∶0.5∶1。由于桃树对钾肥的需要量较多，因而可适当提高钾肥的施用量，特别是在发育的后期。

4. 施肥方法

（1）*基肥的施用方法*

①全园施用：在翻地时，将有机肥料撒到地表，随着耕翻将肥料全面施入土壤表层，然后耕入土中。该施肥方法适宜于种植密度较大的桃园，宜用量大、养分含量低的粗杂有机肥料。

②集中施用：除了施用量大的粗杂有机肥料外，养分含量高的商品有机肥料，一般采取在定植穴内施用或挖沟施用的方法，将其集中施在根系伸展部位，以充分发挥肥效。从肥效上看，集中施用有机肥对发挥磷酸盐养分的肥效最为有利。常用方法如下：

第一，环状沟施肥：在树冠外围投影处挖一环状沟，沟宽30～50厘米、深40～60厘米，把肥料施入沟中，与土壤混合后予以覆盖。此法适用于幼树。随着树冠的扩大，环状沟应逐年向外扩展。此法操作简便，但缺点是挖沟时易切断水平根，施肥范围较小，而且易使根系上浮分布于表土层。

第二，放射状沟施肥：在距主干1米以外处，沿水平根生长方向挖放射状5～8条宽30～50厘米、深20～40厘米的沟，将肥料施入。可隔年或隔次更换位置，并逐年扩大施肥面积。挖沟时应注意内浅外深，以尽可能减少切断大根。

第三，条沟施肥：在树冠外围滴水线之外，挖宽30～40厘米、深40厘米的条状沟，将肥料填入其中。也可结合深翻扩穴进行，每年更换位置。

(2)追肥的施用方法　追肥主要采用穴施、浅沟施和撒施。采用穴施和浅沟施肥，施肥深度一般为10厘米左右。穴施时，在树冠下靠近滴水线处挖深度为10厘米左右的施肥穴4～8个，将肥料施入后覆土。浅沟施在靠近树冠投影线的株间或行间处挖沟，沟深10厘米左右，施肥后覆土。撒施是将速效肥直接撒在树冠下，然后翻土或灌水。要注意的是，易挥发的肥料不能采用撒施。

(3)叶面追肥　根外追肥，可采用叶面喷施、茎干注射、种子处理和蘸根等方法。由于桃树本身的特性，种子处理和蘸根都不适合于桃树施肥，而茎干注射由于技术操作复杂，资金投入量大，目前在我国的应用并不广泛。因此，根外追肥的主要方法是叶面喷施。叶面喷肥，可促进桃树新梢正常生长，矫正营养缺素症，促进花芽分化和桃品质与产量的提高。尤其在瘠薄的平地和丘陵山地，由于土壤缺乏某种元素或某种元素不能被利用，加之施肥不平衡常造成缺素症，因此在我国的南、北方桃产区，均宜采用叶面追肥。一般在4～7月份，根据土壤、树体等情况，每月喷施各种大量、中量和微量元素1～2次。叶面追肥可以和农药施用相结合，但注意不能和波尔多液、石硫合剂等碱性农药混合施用。

(三)水分管理

1. 适宜灌水方式及相应设施建设 在经济条件较好的地方，可采用喷灌或滴灌方式灌水，但在大多数地区仍然采用地面灌水技术。传统的桃树地面灌溉，一般有坑灌、分区(格田)灌溉等。节水型灌水方式，主要有环灌、穴灌和沟灌等。

(1)节水灌溉

①坑灌：坑灌是在每棵桃树周围，用田埂围成圆形和方形坑，从输水沟引水灌溉。方法简单，但水分仅湿润树根部土壤，土壤易板结，灌水效率不高。

②分区灌溉：将桃园以树为单元，用土埂分隔成方形的小区后引水灌溉。该方法具有湿润范围大、灌水均匀的优点，但用水量大，易造成土壤板结。

③移动式小孔灌溉：在经济条件较好的地方可采用该法。它是在管径为25～50毫米的塑料管上，按桃树的株距打孔，灌水时将管铺设到田间，喷水灌溉。它可以省去开沟引水过程，节省劳力，也便于机械化耕作。

④穴灌：是指在树冠外围的不同方向，挖直径30厘米左右、深40～60厘米的穴，对穴灌水的灌溉方法。穴以不伤粗根为宜，穴的个数应据树冠大小而定，一般为4～12个，灌后将土还原。此法灌水经济，当与软管输水结合使用时，更能显示出该方法的节水优势。而且其湿润根系范围宽而均匀，不会造成土壤板结。

(2)漫 灌 我国目前所用的灌溉方式主要是地面灌溉。地面灌溉又可分为漫灌、沟灌、穴灌和畦灌等几种形式。地面灌溉用水量大，水的浪费问题严重。此外，在株间隔离没做好的情况下，容易造成某些病害的传播和蔓延。为了克服上述缺陷，最好采用部分地表灌溉的方式，如目前常采用畦灌。

(3)喷　灌　它模拟自然降雨状态，对土壤结构破坏性较小。和漫灌相比较，能节约用水，并防止因漫灌造成的病害传播。因此，在这种灌溉方式问世以后，获得较迅速的发展。喷灌可分为树冠上喷灌和树冠下喷灌两种方式，目前以后一种方式应用较为普遍。树冠下喷灌，一般采用半固定式的灌溉系统。喷头设在树冠之下，喷水射程相对较近，水泵、动力和干管是固定的，但支管、竖管和喷头是可移动的。当然，树冠下灌溉也可采用移动式的灌溉系统，除水源外，水泵、动力和管道均是可移动的。

2. 灌水时期及灌水量

(1)花前灌水　在春旱地区，花前灌水能有效促进桃树萌芽、开花和新梢叶片生长，以及提高坐果率。一般可在萌芽前后进行灌水，若提前早灌则效果更好。

(2)花后灌水　花后水又称催梢水。桃树新梢生长和幼果膨大期，是桃树的需水临界期，此时期桃树的生理功能最旺盛。若土壤水分不足，会致使幼果皱缩和脱落，并影响根的吸收功能，减缓桃树生长速度，明显降低产量。因此，这一时期若遇干旱，应及时进行灌溉。一般可在落花后 15 天至生理落果前进行灌水。

(3)果实迅速生长期灌水　此时正值果实迅速膨大期及花芽大量分化期，应及时灌水。桃果体积的 66%是在成熟前 30 天生长的。此时期也是水分的临界期，因为此时期的蒸腾作用很强烈。一般桃果从着色初期到采收为 7～10 天，此期需水较多，缺水对产量影响较大，但也不宜大水漫灌。一般北方地区采用树盘内灌水，若灌水过量(漫灌)则风味变淡，油桃品种会加重裂果，品质下降。

(4)休眠期灌水　休眠期灌水，即冬灌。一般在土壤结冻前进行。可起到防旱御寒作用，且有利于花芽发育，促使肥料分解，有利于桃树次年春天的生长。

一般年份，在上述各个灌水时期通常灌水一次，即可满足桃树在该时期的需水要求。除这些时期外，当果园土壤含水量降低到田间持水量的50%时，也必须及时进行灌水。在干旱地区水资源不足时，一定要保证在桃树的需水临界期进行灌溉。桃树的需水临界期为果实膨大期，此时灌水的水分利用效率最高。

3. 节水灌溉方式与节水途径 节水技术措施主要包括充分利用土壤水技术、耕作保墒技术、培肥地力及水肥耦合技术、节水高效灌溉制度、农田墒情监测和适时预报技术等。

(1)充分利用土壤水 土壤是一个开放的系统，是贮藏水分和养分的天然载体，降水、地表水和地下水只有转化为土壤水，才能被作物利用。最大限度地利用土壤水，是农业节水的主要途径。作物整个生育期的总耗水量，由降水、灌溉水、土壤水三部分组成，三部分的比例随着灌水量和灌水次数而变化。充分利用土壤水，有利于提高灌溉水的利用效率。

(2)耕作保墒技术 农田保墒技术主要有秸秆覆盖、绿肥覆盖和地膜覆盖等方法。

①桃园秸秆覆盖：是针对丘陵山区桃园土层薄、肥力低、水分条件差和土壤裸露面积大的情况，而采取的土壤管理技术。就是将适量的作物秸秆等，覆盖在桃树周围裸露的土壤上。它具有培肥、保水、稳温、灭草、免耕、省工和防止土壤养分流失等多种效应，能改善土壤生态环境，养根壮树，促进树体生长发育，进而提高果实产量和改善品质。

②绿肥覆盖：将桃园用草进行地面覆盖，可防止水分大量蒸发，土壤含水量能提高45%左右。各地可因地制宜地选用稻草、麦草、绿肥和杂草等覆盖桃园，厚度以7～10厘米为宜。幼龄桃园应适当厚些，成龄树桃园适当薄些。

③地膜覆盖:实行地膜覆盖,可减少蒸发,提高土壤水分利用率。目前这项技术已大面积推广应用,并取得显著成效。地膜覆盖适合于干旱缺水地区和盐碱地区采用,具有提高土壤温度、抑制土壤返盐和蓄水保墒等优点。

(3)穴贮肥水　在瘠薄干旱的山地桃园,为保持土壤水分和增加土壤肥力,可采用穴贮肥水的栽培技术。这样做可提高土壤含水量40%以上,增产30%以上。在华北地区有较大推广价值。在采果后结合扩穴施肥,在树冠滴水线四周挖深度和宽度各为40～50厘米的穴2～4个,将50～60千克优质有机肥或绿肥和少量化肥,与穴贮肥水充分混合,添入穴中;肥穴中央竖一个草把,浇透水后盖膜。在正对草把的膜上打一小孔,平时用土封严,在灌水时(约一个月一次)沿草把灌人30～40升水,待水渗入穴中再封严。施肥穴可每隔1～2年后移动一次位置。

(4)节水高效灌溉制度　合理的灌溉制度是提高农田水分利用率的有效途径。现有的灌溉用水量常超过农作物合理灌溉量的0.5～1.5倍,浪费严重。建立合理的灌溉制度,是以产量高、水分利用率高和经济效益高的“三高”为目标,把有限的水量在作物生育时期进行最优分配,采取非充分灌溉、抗旱灌溉和调亏灌溉等措施,减少蒸发耗水,促进光合产物向经济产品的转化,提高作物的水分利用效率。实践中根据土壤墒情、作物的需水规律及其允许的最大亏缺程度,建立节水灌溉制度,可少浇1～2次水,大大提高水分利用效率。

4. 防渍排水　根据当地条件和积水原因,桃园排水方法可分以下三种:

(1)平地排水　当土壤达到田间最大持水量时,必须进行排水。否则,会造成水涝灾害。为了顺利及时排水,最重要的是设置排水沟系统,包括排水沟、排水支渠和排水干渠。排水沟安排在小区内,一般每隔2～4行树挖一条排水沟,底宽30～50厘米,上宽

80～100 厘米，沟深 50～100 厘米。排水沟的数量与深浅等要因地而定。排水支渠设在小区边上，其作用是将排水沟流出来的水顺畅地排入干渠中去。小区面积大、排水量大时，沟要加深、加宽，反之则浅而窄。排水干渠的作用，是将从支渠汇聚的水及时排出园外。其大小要比支渠宽而深些。

(2)山丘地排水　一般在梯田内沿挖竹节沟排水出园。竹节沟底宽 30～40 厘米，深约 35 厘米。沟内每隔 5～6 米远修筑一个长为 1 米左右的土埂，也叫拦水竹节，起缓水作用。其高度应低于梯田面 10 厘米左右。在梯田面的一端、近竹节沟出水口处，挖一个深、宽各 60 厘米、长约 1 米的沉淤坑，以沉淤泥沙。在沉淤坑外侧，用石块砌一个出水簸箕，以免排水时，冲坏梯田地堰。

(3)暗沟排水　有些山丘桃园，因梯田积水、渗漏，形成"潞涝池"。这类地排水可用两种方法：一是在泄涝地的上方开条截水沟，将泉水和上层渗漏水引积于排水沟内，再导入支渠和干渠，排出园外；二是在地面下，用石块垒砌或用厚壁的粗塑料管构筑暗沟，将水从地下排出，效果也好，但用工、用料较多。

思考题

1. 桃园土壤管理制度有哪些？各有什么特点？

2. 桃树一年中的追肥时期主要有哪几次？其主要作用是什么？

3. 桃树一年中的主要灌水时期有哪几次？各自有什么作用？

第七章　桃树整形修剪

一、专业知识

（一）桃树结构与枝芽识别

桃树的地上树体结构可分为骨干枝和非骨干枝两部分。骨干枝是指构成树体骨架的永久性大枝，如主干、主枝和侧枝等。非骨干枝包括各级枝组以及枝组上着生的1年生枝。1年生枝按其主要功能又可分为生长枝和结果枝两类。

1. 生长枝　指没有花芽，不开花结果的枝条。生长枝按其生长势强弱，又可分为发育枝、徒长枝和单芽枝。发育枝主要分布在骨干枝先端，生长势强旺，粗度为1.5～2.5厘米，有大量副梢。发育枝和发育枝上的副梢，虽能形成少量花芽开花结果，但其主要功能为形成树冠的骨架。单芽枝极短，为1厘米以下，只有一个顶生叶芽，萌发时只形成叶丛，不能结果；当营养、光照条件好转时，也可发生壮枝，用作更新。徒长枝主要分布在骨干枝的中后部，直立向上生长。徒长枝生长势强旺，生长季若不加以控制，常常形成树上树，造成树形紊乱，产量降低，果实品质下降。徒长枝的发生主要是骨干枝角度过大、修剪不当所致。

2. 结果枝　桃树的结果枝按其长度，可分为徒长性果枝、长果枝、中果枝、短果枝和花束状果枝五类。

徒长性果枝生长较旺，长60～80厘米，甚至更长，粗度为1～1.5厘米，有少量副梢。一般花芽质量稍差，坐果率低，但也有不少品种结实较好，可用以结果，结果后仍能萌发较旺新梢，故常利用其培养健壮枝组。

长果枝生长适度，长 30～60 厘米，甚至更长，粗 0.5～1 厘米，无副梢，花芽充实，多复花芽，是多数品种的主要结果枝。长果枝在结果的同时，还能抽生生长势中庸的新梢，形成新的长果枝或中果枝，连续结果能力很强。中果枝长 15～30 厘米，发育充实，花芽多而饱满，坐果率高，果实品质好，是多数品种的主要结果枝类型。短果枝长 5～15 厘米，发育良好的短果枝花芽饱满，坐果率高，是特大型果品种的主要结果枝类型。花束状果枝除顶芽外，侧芽全部为花芽。花束状果枝的花芽多单生，结果后发枝能力差，易于衰亡。

不同品种的主要结果枝类型不同。目前生产上所采用的绝大多数品种，其长、中、短枝均可成花结果，只有少数北方群品系以短果枝结果为主。若要生产特大型果，无论哪个品系的品种，均应采用短果枝结果。此外，枝条的长度和比例除受遗传因素影响以外，栽培管理和结果多少也是影响新梢生长的重要因素。在肥水管理正常的情况下，人们可以通过各种修剪方法和是否留果，以及留果数量，来调整新梢的生长和结果枝比例，从而实现优质丰产高效的栽培目标。

3. 芽生长特性 桃树的芽分为叶芽、花芽和潜伏芽三种。叶芽着生在枝条顶端和叶腋部位。桃树旺梢上的侧生叶芽具有早熟性，随着主梢的迅速生长，侧生叶芽便随之萌发，抽生副梢。生长旺盛副梢上的侧生叶芽，可抽生二次副梢。秋季新梢生长速度明显放慢后，侧生叶芽的鳞片迅速分化并发育。新梢停长后顶生叶芽也迅速形成鳞片，冬季来临前，叶芽鳞片发育成熟，形成休眠芽越冬。第二年春季休眠芽萌发，开始新的生长周期。

桃树的花芽为纯花芽，侧生，着生在叶芽的旁边。花芽有单花芽、复花芽之分。同一节上只着生一个花芽的称为单花芽，叶芽两侧各着生一个花芽的称为复花芽。复花芽多，着生节位低，花芽充实，排列紧凑，是丰产性状之一。桃树的叶芽萌发率很高，一般只有枝条基部的少数几个叶芽不萌发而形成潜伏芽。与其他果树相比，桃树的潜伏芽少，寿命也短。

（二）与整形修剪相关的树体特性

整形，主要是指在桃树盛果期前，根据树的生物学特性，通过人工修剪和化学调控技术，将树冠的骨干枝排列成一定的形式，使树冠轮廓形成一定的形状。修剪，是在整形的基础上，根据桃树生长和结果的需要，结合自然环境和管理条件，对树体施行人工外科手术或化学药剂调控的方法，以调节枝条生长与结果、衰老与更新、果树个体与群体、果树与环境等诸多矛盾，从而保证骨架牢固，枝组理想，达到果大质佳、丰产稳产、低消耗和高收益的目的。

整形和修剪是相互联系、不可分离的技术。正确的整形修剪，可以使果树快长树，早成形；使骨干枝健壮牢固，枝条分布合理，树冠通风透光，早实、丰产、优质，树体大小稳定，便于田间管理，提高生产工效，提高对不良生态条件的适应性，降低成本，增加效益。对于幼树来说，可以早结果，早丰产；大树则可稳产优质，延长盛果期限；衰老树则能更新生长，恢复产量。综上所述，整形修剪的目的是：早实丰产，稳产优质，低耗高效，健壮长寿。

（三）整形修剪的一般原则及标准

整形的原则是：长远规划，全面安排，均衡树势，主从分明。就是说，既要重视树形的基本骨架建设，又要从具体情况出发，随枝就势，诱导成形；既要重视早实丰产，又要重视骨架的牢固和后期的丰产。总之，要做到边整形，边结果，整形结果两兼顾。

修剪的原则是：以轻为主，轻重结合，因树制宜。对于修剪程度和修剪量，总的要求是宜轻或适度，尤其幼树至初果期更是如此。通过修剪，应该做到抑强扶弱，正确促控，合理用光，枝组年轻,健壮,高产,优质,稳产,壮树。轻剪固然有利于长树、扩冠、缓势和结果,但是,为了骨架的建设,必须对各级骨干枝的延长枝,按整形要求,进行适当的剪截,以促进长势和控制其开花、结果,并在一定阶段,控制辅助枝的扩大,缩小其体积或完全疏除。这种轻重结合的具体运作,能有效地促进骨架建设,引导幼树迅速向初果期或由初果向盛果期正常结果的转化,既有利于早实丰产,又有利于稳产优质和低消耗。

(四)修剪的方法及应用

修剪技术发展迅速,采用的方法很多,主要手法有短截、长放、疏枝和回缩。

1. 短截和摘心 剪去1年生枝的一部分为短截,摘去新梢或副梢的一部分为摘心(实属短截)。其作用是促进剪口以下的侧芽萌发,抽生强枝。短截越重,抽枝越旺。幼、旺树短截过多、过重,会引起枝条疯长,不易成花和结果。新梢摘心也要因品种、因枝势而进行。

2. 回　缩 对2年生以上枝的剪截,叫回缩。主要作用是恢复树势,在衰弱树及枝组过长时采用。幼树期极少回缩,而在盛果期和衰老期树上回缩较多。回缩有枝组改造回缩、大枝回缩、树体改造回缩三种。

3. 长放(甩放) 即不剪枝条,任其自然延伸和萌芽、抽枝。长放可以缓和树势,对于增加生长点和全树的生长量,都有一定作用。过去长放主要在初果期和幼树期运用较多,可以缓和枝条生长势,增加中、短枝量,促进成花,提早结果。近年来,随着长枝修剪技术的推广,桃树修剪主要以长放为主。

4. 疏　枝 将枝条从其基部齐根剪除叫疏枝。通过疏枝可以调节树冠内枝条的密度。当树冠内出现干枯枝、病虫枝、徒长枝、衰弱下垂枝、密生交叉枝、并生枝、重叠枝、竞争枝、过时的辅养枝或把门侧枝、轮生枝等，可用疏枝来解决。

二、操作技能

(一)适宜树形及整形技术

传统的理论认为，桃树干性弱，又极喜光，故原则上宜采用小冠、开心树形。在我国，目前桃树上大多采用的是改良杯状形、自然开心形或多主枝自然开心形、两大主枝开心形(或称为 Y 形)。实际上，为了适应桃树生产对早果丰产的需要，桃树栽培密度不断提高，对桃树树形的选择也在不断地变化。目前，世界上桃树生产发达的国家，除采用自然开心形或多主枝自然开心形外，近些年来，具中央干的直立中央领导干树形，得到迅速的推广应用。另外，具篱架的绑缚树形——塔图拉树形，也在很多国家使用。

1. 自然开心形和多主枝自然开心形　自然开心形通常为三主枝树形。主干高 30～50 厘米，主干上的三主枝相互错落或邻近，主枝按 30°～45°角延伸。每个主枝上留 2～3 个侧枝，开张角度为 60°～80°。多主枝自然开心形尽管在主干上仍为三主枝邻近，但主枝又按二叉式分枝，形成六个二级主枝后不再分枝。

2. 直立中央领导干树形　直立中央领导干树形源于法国。最先开始在苹果树上应用，获得成功后又在桃树上推广。其主要特点为大多采用具篱架的绑缚树形(设置 1～2 道铁丝)，大型结果枝组或结果枝直接着生在中央干上。这一种树形适用于密植桃园，栽培密度一般为每公顷 1 500～2 000 株。具体的栽植密度取决于品种与砧木组合的树体生长势，土壤与环境条件，以及栽培中所采用的机械化程度。

3. 塔图拉树形　塔图拉树形源于澳大利亚。它是具有篱架的绑缚树形，并立有“V”字形篱架。“V”字形篱架上每边设置 4～

5道铁丝，较矮的主干上着生两大主枝。两大主枝之间的夹角为60°～80°。即每一主枝与行间的垂直面形成30°～40°的夹角。树体栽培密度较大，株距0.8～1.5米，行距4.5～6米。

4."Y"字形 这是我国20世纪80年代开始研究开发的二主枝开心形。与图塔拉树形不同的是"Y"字形不需设立支架，在栽植后的第一、第二年采用拉枝的方法，调整主枝的角度与方位。此外，主枝的开张角度为45°～50°，从而使主枝前后部势力更均衡，产量更高，果实的整齐度也更好。"Y"形整枝树体结构简单，主枝的排布比其他树形更合理，能更加充分地利用空间和光照，使整个果园的通透性更好，树体的生产能力也更高。"Y"字整形一般采用宽行密植，树冠可大可小，适用于不同栽植密度。行距为2～6米，株距为0.8～3米间者，均可采用此法整形。一般株距小于2米时，不需配备侧枝，主枝上直接着生结果枝组；株距大于2米时，每个主枝上可配备2～3个侧枝。

(二)不同类型桃树的修剪

1. 自然开心形的修剪 自然开心形的主干高度为30～50厘米。定植后，在距地面50～60厘米处定干，剪口下20厘米为整形带。当春季萌芽后，将整形带以下萌发的新梢全部除去，整形带以内的新梢长到30厘米左右时，选择方位合适、生长势一致的三个新梢作为主枝。将其他的新梢去除或采用摘心的方法加以控制，以免与主枝竞争。

冬季修剪时，对主枝进行短截，剪留长度应根据主枝的长度、粗度、饱满芽的分布情况而定。在短截时，应注意通过留芽调节主枝的方向，剪口下的芽要饱满。以后逐年对其进行短截，直到达到预定的高度为止。

自然开心形的树冠高度，是指三个主枝延长头第五年完成整形后垂直于地面的高度。一般情况下冠高为行距的0.6倍。

自然开心形桃树，三主枝基角应为40°～60°。基角过小，枝组易枯死，造成冠内空膛，结果部位上移；基角过大，主枝背上易生长徒长枝，不易管理，而且外侧和侧生枝组不易培养，造成结果枝组不稳定，影响产量。主枝角度的选择，还应注意品种的类型。开张型品种，如大久保在培养主枝时，角度应适当减小；相反，直立型品种主枝角度可大一些。

主枝上是否培养侧枝，应根据栽植密度而定。如果栽植密度大，主枝上可不配置侧枝，而直接培养大型结果枝组。栽植密度较小时，可在主枝上配备2～3个侧枝。

结果枝组的配备：每年在主枝上采用见缝插针的办法，利用长、中果枝培育成小型结果枝组，或若干个单个结果枝。在主枝的背上、两侧等部位，利用徒长枝、竞争枝或外围的强旺枝，结合夏剪培养1～2个大型结果枝组和2～3个中型结果枝组，并注意大、中型结果枝组的及时更新。

2. 两主枝形（"V"字形）的修剪　每株树只保留两大主枝向行间延伸发展，各主枝间形成篱笆状，相互依存，牢固结果。

两主枝形的主干高为20～40厘米，冠高为2.4～2.8米，要求同一个桃园的主干和冠高相互一致。两主枝间夹角最小为110°，最大为120°。

定植后，在距地面40～50厘米处定干。当春季萌芽后，将整形带以下萌发的新梢全部除去。当整形带以内的新梢长到30厘米左右时，选择伸向行间的两个邻近的新梢作为主枝培养。将其他的新梢或去除，或摘心加以控制。冬季修剪时，对主枝延长枝进行短截。短截时，剪口下留饱满芽，并注意通过留芽调节主枝方向。其剪留的长度应根据生长势、枝条的长度、粗度而定。一般剪留长度为50～60厘米。

主枝上一般不再配备侧枝，直接培养大中型结果枝组。

3. 纺锤形的修剪　纺锤形整形技术简单，全树只有一个中心枝为骨干枝，其余全部为中(第一层三主枝)、小型结果枝组及结果枝。定植半成苗，2年生始果，3年生成形，且丰产。成形后，株与株之间形成2米厚的树墙，行与行之间留有较宽(1米以上)的通风道，果园整体通风透光良好，果实个大，色艳，味佳。

(1)纺锤形的整形过程　定植半成苗(即一砧一芽苗)成活后，待主梢长到15～20厘米时，绑缚在砧木桩或立柱(木棍)上，培养主梢直立向上强壮生长，随时疏除主梢上的竞争性或强壮的副梢枝，在主干距地面30～40厘米高度处，培养三个发育健壮、生长势均衡的副梢，作为第一层小主枝，小主枝以下副梢重摘心，留30厘米长作裙枝。小主枝着生角度为75°～80°，并借助拉枝方法使各小主枝间的方位角为120°。

第一年冬剪时，在第二至第三层副梢间选留饱满芽，剪留主干。除三个小主枝剪留45～50厘米长准备选留饱满外芽外，其余副梢枝一律按长果枝、中果枝的长度剪留。第二年夏季除选一个强梢作中央领导枝延长生长外，在距第一层第三个小主枝以上约30厘米左右，选留两个新梢作为第二层小主枝培养。以上每隔15～20厘米培养一个小主枝，及时疏除全树所有的竞争枝和强旺枝梢。全年共利用副梢培养出小主枝4～5个，各小主枝基角保持为80°～85°，要求生长势均衡。第一层小主枝上不留花果。

第二年冬剪时，在中央领导枝的第二至第三层副梢之间，选留饱满芽短截。第三年夏季的管理与第二年相同，共选留4～5个方向理想、角度较好、生长势均衡而健壮的新梢，作为小主枝。在第一层三个小枝的基部和中部可留果枝。冬剪时，按预计冠高确定是否对中心枝留延长头。

(2)纺锤形的冠高与树墙厚度　纺锤形桃树最适宜的冠高为行距的0.7倍，行内(即株距间)形成树墙，树墙的厚度保持在2米以内，两行树墙之间(即行距之间)留有1米以上宽度的通风道(或称光道、作业道)。

(3)纺锤形修剪成功的关键

①中央领导枝必须直立,保持绝对优势,并在冬剪时连续2～3年都从第二至第三层副梢之间剪留饱满芽,第三至第四年稳定冠高,不再延伸。全树保留10～14个小主枝,呈下层大(长)、上层小(短)的形状,错落着生排列在中央领导枝上。

②主干高度不能一次选出,必须在第一层小主枝以下保留裙枝,使其结果1～3年后逐年疏除,第四年全部剪除裙枝,形成预定主干高度,一般为30～40厘米。

③纺锤形树形桃园,行内(即株距间)必须形成树墙才能丰产;行间(两行之间)留出通风道(即光道、作业道),才能优质高产。

④纺锤形桃树,必须及时控制徒长枝梢,并利用夏剪技术和疏花疏果措施,复壮弱结果枝,及时更新复壮结果枝组,控制单株产量在15～20千克以内。

(三)夏剪与冬剪的实施

1. 生长季修剪　夏剪又叫生长季修剪。搞好生长季修剪,是桃树快速成形、实现早果、丰产的关键性技术措施。通过修剪可以调节树体的发育速度,充分利用桃树芽的早熟性,实现一年多次抽枝快速成形,减少无效生长及改善通风透光条件,缓和树势,促进花芽的形成等。常用的桃树生长季修剪方法,有抹芽、疏梢、摘心、缩剪和拿枝等。

(1)抹　芽　春季萌芽后,当新梢长到5～15厘米时,进行抹芽,其主要作用是调整新梢密度、部位和延长头的发展方向,均衡树势。具体方法是:当延长头剪口芽为三芽梢时,抹除两边,保留中间的强旺梢;当延长头剪口芽为双芽梢时,抹弱留强。对树体其他部位的三芽梢抹除中间芽,留两边芽,对双芽梢抹强芽,留弱芽;对叉角间或主干上的萌蘖梢,一律抹除干净。当然,对衰弱老树上的萌蘖梢可进行培养,以更新利用。桃树管理中的抹芽措施必须每年实施，并且不宜过早或过迟。抹芽过早，分辨不出芽梢的好坏；抹芽过迟，则新梢已经木质化，抹后伤口易大量流胶。结合抹芽在主枝基角较小、生长势较强时，可实施拉枝措施，以缓和生长势，均衡树势。

(2)疏　梢　在新梢抽出后，在全生长季可随时根据新梢生长密度，对新梢进行适度疏剪，主要是疏掉过密梢、背上徒长梢和延长枝先端的竞争梢。疏梢可以改善树冠内膛的受光条件，提高叶片的光合效能，促进枝条充实和花芽的分化。

(3)重摘心和果枝缩剪　重摘心的对象是内膛徒长枝、竞争枝和外围的旺长枝。把握重摘心的时期是该项技术应用成败的关键。重摘心的最适时期，是徒长枝、竞争枝与外围旺长枝上的第二层副梢生长到 25～30 厘米时进行。

(4)拿　枝　多在幼树上应用此法。一般在花芽分化前的 7 月份，适用于长度达 40 厘米左右的较强新梢。其操作方法是，用手握住枝条的基部，在向下折弯的同时，手向新梢上部移动，要求能听到新梢被折所发出的响声，但以不折断树梢为准。拿枝可以加大新梢的角度，控制新梢的生长，促进花芽的形成。

(5)采果后及时修剪　目前，全国重要桃产区都非常重视采果后的及时修剪。其方法是：调整徒长枝为徒长性果枝，剪除过密枝和细弱枝，既能减少无效枝叶营养消耗，又能调整冠内通风透光条件，增强光合作用，为翌年桃园丰产奠定良好的物质基础。

(6)秋季摘心　在每年的立秋节气后 15～20 天(8 月下旬)，对全树所有生长势较旺的枝条(幼树延长枝头除外)，留 40 厘米左右摘心。这可起到改善树冠内光照条件、节省养分消耗、增加养分积累、压低花芽形成节位的作用。

(7)夏季四次修剪法　生长季修剪既是一项季节性强的生产活动，又具有长期性。生长季修剪采用哪一种方法、何时进行、需要施行几次等，要根据当地的气候条件和本园树体的具体情况而定，以免贻误农时，并影响桃树的生长发育。目前生产中常采用夏季四次修剪法。

第一次修剪，在萌芽到新梢生长的初期，即4月中下旬到5月上旬进行。其主要任务是抹芽和除梢，以节省营养，减少无用梢对养分的消耗。抹芽主要是抹除过密的双芽、主侧枝背上萌发的徒长性芽、剪口处萌发的丛生新梢，以及延长梢下部的竞争芽梢。

第二次修剪，在新梢的迅速生长期，约5月中旬到6月中旬进行。这时是控制竞争梢、徒长梢和利用副梢整形的有利时期。利用副梢整形，一般在主侧枝的延长梢长到50厘米时，对延长梢进行摘心，第一芽留外芽。摘心后对抽生过密的副梢进行适当疏除，对背上的强壮副梢在长度达到1.5厘米时进行摘心，其余副梢在长度到30～40厘米时进行拿枝软化。对竞争梢应及早进行扭梢处理或疏除。对内膛的徒长梢，应在适当疏密的前提下，尽早进行摘心，促进枝组的形成。实践证明，6月份抽生的副梢可以形成良好的花芽。

第三次修剪，在新梢生长的缓慢期，即7月中旬左右进行。此期正处于花芽的分化期。主要任务是改善树体的受光条件，促进营养输送转向花芽分化和果实生长。此期大部分长果枝或早形成的副梢，已停止生长和花芽分化。对过密新梢要适当疏除，以增加树体的受光量，促进树体充实和花芽的分化。

第四次修剪，在新梢停止加长生长、花芽分化盛期的8月中下旬进行。主要任务是控制生长，促进枝条充实，提高枝芽的越冬能力。对未停止生长的新梢进行摘心，抑制加长生长、促进增粗生长和花芽的分化。对过密新梢再次进行疏除，以改善光照，提高桃叶的光合效能，充实枝芽。

2. 冬季修剪　冬季修剪又叫休眠期修剪，在冬季落叶后至早春萌芽前进行。冬季修剪的任务主要有：调整树体结构，对过多的大枝进行疏除；均衡树势，调整树冠内不同部位的生长状况；培养和调整结果枝组，对过密的结果枝组进行疏除，衰弱的结果枝组及时回缩复壮。传统的冬季修剪对1年生枝的处理方法主要以短截为主，修剪时“枝枝过剪”。这种修剪方式由于短截过多，树体营养生长过旺，易造成树冠郁闭。同时，还存在着费工、树势平衡困难等问题。

目前在桃树生产中普遍推广的长枝修剪技术，是相对于传统的以短截为主的桃树冬季修剪技术而言。传统的桃树冬季修剪以短截为主，修剪后所保留的果枝平均长度短，故称为短枝修剪。而长枝修剪是一种基本不进行短截、仅采用疏剪、缩剪长放的冬季修剪技术。由于基本不短截，修剪后所保留的1年生果枝的长度较长，故称为长枝修剪技术。

(1)长枝修剪技术的优点

①缓和树体枝梢的营养生长势，容易维持树体的营养生长和生殖生长的平衡。尤其是对于生长过旺的桃园，特别是幼树，控制树体过旺生长效果更加明显。

②克服传统修剪技术运用复杂的缺陷，操作简便，容易掌握。由于长枝修剪主要以甩放、疏剪为主，总体留枝量少，树体结构简单，技术易学，易掌握。

③节省修剪用工。由于长枝修剪技术简单，生长势缓和，夏季徒长枝和过旺枝少，因此冬季和夏季修剪量少，能大量节省修剪用工。冬季修剪时，长枝修剪比传统修剪节省用工1/2～3/4，每年减少夏季修剪1～2次，显著提高劳动生产力。

④改善树冠内光热微气候生态条件，显著提高果实品质。和传统修剪相比较，长枝修剪后树冠内透光量提高2～2.5倍；果实着色提前7～10天，且着色好；果实可溶性固形物增加1%～1.5%；果实外观品质和内在品质得到显著提高，中晚熟品种果实增大10%。

⑤丰产稳产。采用长枝修剪后树势缓和，优质果枝率增加，花

芽形成质量提高，芽体饱满，由于保留了枝条中部高质量花芽，提高花芽及花对早春晚霜冻害的抵抗能力，因而树体的丰产和稳产性能好。

⑥1 年生枝的更新能力强。内膛枝更新复壮能力好，能有效地防止结果枝的外移和树体内膛光秃。

(2)长枝修剪的技术要点

①树形及骨干枝的选留

树形：从理论上说，长枝修剪适合各种树形。目前根据栽植密度，采用较多的为三主枝开心形或两主枝“Y”字形。

主枝数量：根据栽植密度和树形，每 667 平方米主枝数量应控制在 80～120 个。原则上不留侧枝。根据主枝的大小，每个主枝上留 6～8 个大、中型枝组，枝组应均匀分布在主枝两侧。树势较直立的树和树龄较小的树，主要留斜上生或水平的枝组，不留背上和背下枝组；树势已开张的或年龄较大的树，主要留斜上生或直立枝组。同侧大枝组间应相距 80 厘米以上。

主枝角度：幼树时主枝角度控制在 40°～45°。进入结果期后，由于果实重量的作用，主枝角度加大，应控制在 50°～60°。

②定植 1～2 年幼树的修剪：冬季修剪时，首先必须选留骨干枝，一般根据所使用的树形需求，选留 6～10 个预备主枝。在未来的 2～3 年里，根据预备主枝生长角度及生长势等状况，最后保留所需数量优良骨干枝。对于已淘汰的预备骨干枝，通过回缩，形成临时性结果枝组，2～3 年后完全疏除。对骨干枝延长头，使用带小橛延长技术，小橛保留长度 10～15 厘米。对于其他的枝条甩放或疏除。一般骨干枝上每 15～20 厘米保留一个长结果枝，其余的枝均疏除。但总体原则是生长旺盛的树修剪要轻，保留枝的密度相对较大一些，总枝量要多；而生长较弱的树修剪要重，保留枝条总枝量要少。

③盛果初期树及成年树的修剪：这两种树的修剪方法如下：

一是延长头的修剪：成年树的延长枝头处理方式取决于树体的生长势：生长势旺的树延长头甩放，疏除部分副梢。处理原则是：甩“辫子”（延长头），去“耳朵”（副梢），去强留弱，去徒长留结果。即延长头甩放不短截，疏除部分的副梢，在疏除副梢时，应疏除徒长枝和旺枝，留中庸枝和水平枝与下垂枝，并同时疏除部分旺长的结果枝组。中庸树短截至健壮副梢处。弱树带小橛延长，即对延长头短截，并留健壮副梢。

对于树势极为开张的品种（如大久保）以及树势已经开张的盛果期树，主枝过于水平，其延长头处理特别应注意抬高主枝延长头的角度。方法是在主枝上部选留一个直立且生长旺盛的枝条，进行带小橛延长修剪处理，1～2 年后即可实现抬高主枝角度的目的。

二是其他部位枝条的修剪：果枝修剪以长放、疏剪和回缩为主，基本不短截。在长枝修剪中基本不使用短截方法，对所留枝条全部甩放，其余的枝条全部疏除。但是，在树体改造过程中，当下部枝条衰弱、数量很少时，为了增强下部枝条的生长势，可少量短截部分过弱枝条。而对于其他枝条甩放或疏除，应遵循以下几条基本原则：

枝条保留密度：骨干枝上每 15～20 厘米保留一个长结果枝（>30 厘米），同侧枝条之间的距离一般在 30 厘米以上。以长果枝结果为主的品种，大于 30 厘米的果枝每 667 平方米留枝量控制在4 000～5 000 个，总枝量在 1 万条以内；以中短果枝结果的品种，大于 30 厘米的果枝每 667 平方米的枝量控制在 2 000 个以内，每 667 平方米的总果枝量控制在 12 000 条以内。生长势旺的树修剪要轻，留枝密度可相对大些；而生长势弱的树应相应重剪，留枝量少一些。另外，树体保留的枝条长度长，保留枝条总枝量也应少。

保留的 1 年生枝条的长度：以长果枝结果为主的品种，主要保留 30～60 厘米长的结果枝，短于 30 厘米的中果枝原则上大部分疏除。以中、短果枝结果的品种(如八月脆，中华寿桃)，主要保留短于 30 厘米的果枝用于结果，保留部分大于 40 厘米的枝条用于更新。过强和过弱的果枝少留或不留，同等长度枝条应尽量留尖削度小的。可适当保留一些健壮的短果枝和花束状果枝。

保留的 1 年生枝条的长度与品种特性、树势和树龄密切相关。营养生长旺盛的品种或树势较旺的树以及幼年树，应保留长度相对较短的枝条。反之，则保留长度相对较长的枝条。对于八月脆和中华寿桃等粗壮枝结果能力差的品种，应以保留较细弱的枝条为主。

保留的 1 年生枝条在骨干枝上的着生角度：所留果枝应以斜上、斜下方位的为主，可有少量的背下枝，尽量不留背上枝。保留果枝在骨干枝上的着生角度，还取决于树势与树龄。树势直立的品种，主要保留斜上生或水平枝，树体上部应多保留背下枝；对于树势开张的品种，主要保留斜上生枝，树体上部可适当保留一些水平枝，树体下部可选留少量的背上枝。幼年树，尤其是树势直立的幼年树，可适当多留一些水平枝及背下枝。这样，一方面可以实现早果，另一方面有利于开张树势。

三是结果枝组的更新：在长枝修剪中，果枝的更新方式有两种：第一种方式是利用头一年通过甩放后在 1 年生枝基部发出的生长势中庸的背上枝进行更新。修剪时采用回缩的方法，将已结果的母枝回缩至基部的健壮枝处更新。如果母枝基部没有理想的更新枝，也可在母枝中部选择合适的新枝进行更新。第二种方式是利用骨干枝上发出的新枝更新。由于采用长枝修剪时树体留枝量少，骨干枝上萌发新枝的能力增强，会发出较多的新枝。如果在骨干枝上着生结果枝组的附近已抽生出更新枝的话，则对该结果枝组进行全部更新，使用由骨干枝上的更新枝代替已有的结果枝组。

(四)不合理树形的改造

对于树体结构差,主枝数量多或树体过高,树势上强下弱、树冠郁闭的果园,应进行树体改造。改造时,可通过群体结构或个体结构调整,进行枝组的调整与培养,实现桃园不合理树体的改造。

1. 群体结构调整 可以采用如下三种树体结构调整方式:

(1)隔株间伐方式 这是土壤肥力高、树体生长旺桃园的优先选择方式。对过密的桃园,株行间骨干枝严重交叉、密挤的,株行距为 3 米×4 米、6 年生以上的桃园,原则上进行隔株间伐。间伐后,桃树的排列方式最好为三角形栽植。但可依据具体情况灵活掌握,从根本上解决郁闭问题。

(2)两种树形方式 栽植密度为 4 米×4 米和 3 米×5 米的桃园,可采取两种树形,一株用三主枝树形,其邻株改用两主枝甚至一主枝树形。

(3)永久株和临时株方式 3 米×5 米和 2 米×6 米株行距的桃园,5 年生以下时,采取确定永久株和临时株进行调整,对临时株进行控制,为永久株让路,适宜时候进行间伐。

2. 个体结构调整

(1)骨干枝调整 通过调整,使每 667 平方米的大骨干枝数量为 100～120 个。原则上,主枝腰部之间要保持 2 米间距,至少不小于 1.5 米。先疏除直立的、重叠的、严重影响光照的骨干枝,其次疏除病弱的和过低的骨干枝。一年内,疏除的骨干枝数量不能超过现有数量的 1/3。

(2)主枝回缩换头 对过高的(3 米以上)主枝,如果树体上部具有粗度达到着生处主枝粗度 1/3、长果枝数量达 10 个以上的健壮大型枝组(背下或两侧均可),可在该枝组处落头;如果树体中部具有粗度达到着生处主枝粗度 1/3、长果枝数量达 25 个以上的健壮侧枝,也可在该侧枝处落头。在上述两个条件都具备时,以一次性落头到树体中部的侧枝处为宜。

(3)培养后备枝后再换头　不符合上述两个落头条件的，在主枝中上部需要培养后备主枝头，原头上尽量多保留结果枝，并疏除徒长枝和较大枝组，削弱原头的生长势，待达到上述主枝回缩换头的条件时再换头。后备主枝头的培养方法是：选择位置适宜的(两侧或背后的)、生长势健壮的枝组，按主枝延长头的培养方式培养。没有合适枝组的，选择一个壮条，适当短截，按照主枝延长头的培养方式继续培养。

(4)弱树主枝延长头的处理　树体高、生长势较弱、角度较开张的主枝，可在主枝上部适宜的部位回缩，以恢复树体生长势。

(5)主枝角度的调整　成年树主枝角度应调整到45°左右。可采取回缩换头、支、拉等措施进行调整，以便控制生长势。

3. 枝组的调整和处理　对枝组进行调整和处理的方法如下：

第一，同侧大型结果枝组要保持80厘米以上的间距，以留侧生、斜上生结果枝组为主。大枝组长度在1米以上，具有10个以上长果枝。大枝组之间配备中、小枝组。株距小于2.5米的，主枝上只配备中小枝组。

第二，大、中、小枝组的排列，要错落有致，呈锯齿状。

第三，直立的主枝，以选留或培养两侧和斜下的枝组为主。开张的主枝，以选留或培养两侧和斜上的枝组为主。

第四，缺少枝组的主枝，要选择两侧健壮的枝条，进行短截或长放，培养枝组。

4. 树体改造应注意的问题　在大树改造的过程中，要本着“简化、减量、逐步”的原则进行。

(1)简　化　树体结构要简化。对栽种密度不是过低的桃树，即栽培密度大于每667平方米50株，原则上不留侧枝，直接在主枝上留枝组和结果枝。

(2)减　量　首先是减少株数。对栽植密度过大，已经郁闭的桃园要进行间伐，降低栽植密度。间伐时，可以采用隔行去行或隔株去株的方法，也可根据实际情况采用不规则间伐。其次是减少骨干枝的数量；第三是减少单位面积的枝量。

(3)逐　步　在树体改造过程中，要逐步进行，不能操之过急。对于树体过于上强下弱或极端郁闭的果园，其树体改造应分2～3年完成。

思考题

1. 桃树修剪的主要手法有哪些？其主要反应各如何？
2. 桃树采用的主要树形有哪些？各自的特点是什么？
3. 桃树夏季修剪的时期及方法有哪些？
4. 桃树长枝修剪的优点有哪些？技术要点是什么？

第八章　桃树花果管理

一、专业知识

（一）花芽分化及条件

桃树的花芽为纯花芽，一芽一朵花。根据每一节位上花芽数量的不同，又可以分为单花芽和复花芽。每一节上仅仅着生一朵花芽的称为单花芽。复花芽，是一个节位上着生两朵或两朵以上的花芽。复花芽以一节上着生两个花芽的情况较多，通常为三个芽，中间为叶芽，两侧为花芽。在少数情况下，一节上仅着生两个花芽而无叶芽。一个节位着生三个花芽的情况较少，通常无叶芽或能伴生一个叶芽，即一节上着生三个花芽和一个叶芽。在极个别的情况下，可以发现一节上着生五个花芽和一个叶芽的情况。

一般来讲，花芽着生的节位高低及单、复花芽的数量和比例，与品种的特性有关。北方品种群中的蜜桃系、硬桃系与南方品种群中的硬桃系的花芽多为单花芽，且花芽着生的节位也高；而蟠桃和南方品种群中的水蜜桃系品种多为复花芽，花芽着生的节位也低。另外，花芽形成数量及花芽类型与土壤肥力、栽培技术密切相关。如果土壤肥力高，有机质含量多，则所长桃树花芽形成的数量多。反之，在多施氮素化肥的情况下，花芽形成数量就少。又如，施用多效唑（PP_{333}）可以促进花芽的形成，复花芽的比例增高。

1. 花芽分化的过程　花芽分化，即芽轴的生长点无定形细胞的分生组织，经过各种生理和形态的变化，而最终形成花朵的全过程。和其他温带落叶果树一样，成年桃树的花芽分化，主要包括两个过程:花诱导和花发育。在花诱导期间,生长点内部发生一系列生理的和生物化学的变化。而在花发育期间,生长点在外部形态上发生显著的改变。因此,人们又将这两个过程分别称为花芽生理分化和花芽形态分化。

在这两个阶段,生长点对外界环境条件的反应不同。在花诱导期间,生长点容易受内外条件的影响而改变代谢方向,即或者向营养生长或者向生殖生长方向发展。故也将生长点对内外条件反应的敏感时期,称为花芽分化临界期。在芽轴上,其尖端突起呈半圆形,之后可以辨认出花原基。这一时期被称为花的发端,标志着花芽形态分化开始。

发育又可以进一步划分为两个阶段:即花器官各组织原基的发生及定形阶段花各器官组织的进一步发育直至达到它们最后物理形状的阶段。在花器官组织原基的发生期,花各个器官组织原基依次出现,生长锥由外向内先后形成几轮突起,即相继出现花萼原基、花冠原基、雄蕊原基和雌蕊原基。在后一个阶段中,花各器官组织的进一步发育,伴随着器官组织内的特殊组织的分化,包括性细胞的分化和发育。

2. 花诱导时期及影响因素 桃的花诱导时期,一般开始于5月下旬至6月初,到7月初至中旬结束。研究表明,其花诱导盛期一般处于长梢生长到其最终长度的65%~90%。花诱导时期的影响因素如下:

(1)品　种　不同品种间也有较大差别。在同一栽培技术、土壤和气候条件下,红港的花诱导盛期发生在5月底至6月中旬,比阳冠花诱导盛期的开始和结束均早15~20天。

(2)树　势　树势弱,花诱导发生早;反之则晚。幼年树的花诱导发生也比成年树晚。

(3)枝梢类型　一般来讲,新梢的长度越短,花诱导发生的时期越早。例如,短梢花诱导的发生要比长梢早20天至1个月,但是，其花诱导结束的时期都相似。因此，短梢上的生长点的花诱导持续的时间较长梢长。

(4)*芽在枝梢上所处的部位*　长枝基部的芽，其花诱导发生得早，持续的时间也长；而长枝上部的芽，花诱导发生得晚，且持续的时间也短。

3. 性细胞形成　在花各器官组织的进一步发育过程中，花芽要经过一段低温休眠期。只有通过这一段低温休眠期，花芽进一步的生长发育才能正常进行。否则，就会出现花芽发育不正常，开花期不整齐等现象。我国南方的亚热带地区，冬季低温不足，桃的花芽不能完成休眠而不能正常开花坐果，这也是桃树不能在这些地区栽培的根本原因。

花芽休眠解除之后，随着气温的上升，花的各个器官发育完成，花期临近。当然，也有小部分的花芽，由于养分或其他的因素，花芽分化在中途停止，而形成缺少某一器官的不完全花。有些品种，如砂子早生和深州水蜜桃，不能形成有生活力的花粉，只能形成具有雌性功能的雌能花。

(二)开花坐果及条件

花芽膨大后，经过露萼期、露瓣期等物候期后，花芽开放。桃开花期的平均气温一般在10℃以上，适宜的温度为12℃～14℃。花期一般持续一个星期左右。主要是温度影响花期的长短。温度低，尤其是阴雨天，花期则长；温度高，花期则短。在遇干热风的情况下，花期仅有2～3天。桃一般需经过授粉受精产生种子，才能坐果。未受精的子房，往往因为调运养分的能力差，不能膨大而最后脱落。因此，完成正常的授粉受精，是桃树实现正常坐果的根本保证。桃是自花结实率较高的树种。也就是说，只要花粉发育正常，无需授粉品种，其坐果率也能达到生产上的要求。但是，像砂子早生、深州水蜜桃等少量品种，由于它们不具备有生活力的花粉，因此，必须配置授粉树，才能获得正常的产量。

(三)果实发育及条件

在果实生长发育过程中，无论是从体积，还是从重量方面来看，桃果实生长具有两次高峰。在两次高峰之间有一个缓慢生长期。这一生长动态构成了桃果实的双S生长曲线。其各时期分别用Ⅰ、Ⅱ和Ⅲ表示。各时期的果实发育情况及历时长短如下：

1. 第Ⅰ期 第一次果实迅速生长期。这个时期主要是果实细胞分裂时期。自授粉受精后，子房开始膨大，果实的重量和体积迅速增加。此时期的长短，不同品种间差异不大，一般到果核开始硬化为止。

2. 第Ⅱ期 果实生长缓慢期和果核硬化期。在这个时期，果实体积和重量增加缓慢，而胚和胚乳生长迅速，果核硬化。此期以果实出现再次迅速生长为结束的标志。不同品种成熟期的早晚取决于这一时间的长短。因此，该期的持续时间在各品种间差异很大。

3. 第Ⅲ期 第二次果实迅速生长期。在这一时期表现为果实体积迅速增加，果实中糖分逐渐积累，果实表面叶绿素逐渐消失，并开始着色，最后表现出品种的固有色彩。

二、操作技能

(一)促进花芽分化

桃树是成花比较容易的树种之一。在一般情况下，其花量都能够满足生产的需要。但在生产中还要通过一定的技术措施，提高花芽的质量，为丰产优质打下基础。其具体措施有：通过开张枝条角度、摘心和夏季修剪等措施，改善树冠内的光照条件，促进花芽分化和提高花芽质量；采用长枝修剪技术，缓和树势，促进花芽分化；在花芽分化临界期合理施肥，适当控水，可以有效地提高花芽分化的数量；喷施植物生长调节剂，如 PP_{333} 等，促进花芽分化。

（二）疏花疏果

目前，疏花疏果已成为现代化栽培的必不可少的措施，这也是果园高效栽培的决定性因素之一。疏花疏果的主要任务是调节果树的负载量，确保果实的外在（例如果实体积）和内在品质，并维持树体营养生长和生殖生长的平衡。我国目前生产上主要采用人工疏花疏果，而化学疏除方法还处在研究阶段。

1. 人工疏花疏果的意义　人工疏花疏果是传统的方法，也是目前采用最为广泛的和最保险的方式。对于开花密度一般或中等的品种，通常在花期疏除一部分花，然后再配合人工疏果。花期疏花有利于节约树体贮藏的养分。在我国管理精细的桃产区，如北京的平谷区的果农，不但疏花，而且在开花前还要疏花蕾，这样可以节约大量的贮藏养分，供给春季开花坐果及枝叶生长。其主要缺点是费时费工，加大了生产成本。

2. 疏花疏果的时间　从理论上讲，疏花疏果进行得越早，效果越好，对树体及果实生长也越有利。但在实际生产中，应根据花量、气候、品种及疏除方法等具体情况，来确定疏除时期，以保证足够的坐果量为原则，适时进行。

（1）确定疏花疏果时间的原则　通常应掌握以下几项原则：

①自然坐果率高的品种早进行；自然坐果率低品种的晚进行。

②早熟品种宜早定果，中晚熟品种可适当推迟。

③花期经常发生灾害性天气的地区或气候不良的年份应晚进行。

（2）根据品种特性确定疏花疏果时间

①早熟品种：必须在花后 15～20 天之内结束，而且要求在落瓣期前对树体疏除一部分花。

②中熟品种：花期至花后25天之内结束。

③晚熟品种：花期至花后45天之内结束。

3. 疏花疏果应掌握的基本原则 留果量的多少，应根据土壤肥力、树体生长情况、树龄以及品种而定。在保证一定产量的基础上，还要考虑果实的品质。一般来讲，对于使用长枝修剪技术的桃园，中小型果品种每15～20厘米留1个果，即每个长果枝留3～5个果。大型果品种每25～30厘米留1个果，即每个长果枝留1～3个果。在具体操作时，树体上部的母枝和营养生长旺盛的母枝，应适当多留果；而树体下部和营养生长弱的果枝，则应少留果。

(三)辅助授粉

如果栽培的桃树品种为有花粉的品种，桃园一般不需配置授粉品种；若栽培的品种无花粉，则应按15%～20%的比例配置授粉树，如栽培五月鲜、晚黄金、岗山白、传个郎和砂子早生等品种，必须严格按要求配置授粉树。在生产中虽然配置了授粉树，但由于花期气候条件以及其他环境条件的影响，会造成授粉不良，从而影响桃树的产量。因此在生产中，还需要进行人工辅助授粉。常用授粉方式主要有以下三种：

1. 人工点授 首先结合疏花蕾或从花期早、有花粉的品种树上，采集含苞待放的花朵，将花药摘下，放在干燥处阴干，使温度保持在20℃～25℃，最高不超过28℃，经过36～48小时，花药开裂。待花药开裂花粉散出时，收集花粉，装在瓶内避光保存，并在花粉中混入3～5倍的滑石粉做填充剂。授粉时，用铅笔的橡皮头或毛笔轻蘸花粉，点在桃花雌蕊的柱头上。

2. 放蜂授粉 桃园花期放蜂也是提高坐果率的有效措施。通常每0.3公顷桃园放一箱蜂，即可达到良好的访花授粉效果。放蜂时应注意：蜂箱要在开花前3～5天搬到桃园中，以保证蜜蜂能顺利度过对新环境的适应期，在盛花期到来时出箱活动；在桃园放蜂期间，切忌喷施农药，以防对蜜蜂产生毒害。果园放蜂的缺点是当花期遇雨或低温时，蜜蜂不出箱活动，会影响授粉效果。因此，遇恶劣天气应及时进行人工补充授粉。

3. 液体授粉　为提高授粉效率，可将纯花粉放入配好的营养液中，用专用喷雾器进行授粉。液体授粉的配方为：水 10 升，蔗糖 1 千克、硼酸 20 克、纯花粉 100 毫克。需要注意的是，为了防止花粉长时间在液体中失去生命力，应现用现配，配好后要在两小时内喷完。

（四）果实套袋及增色

果实套袋可提高桃果的外观质量，使桃果表皮细嫩，光洁，无污染，色泽鲜艳。同时，果实套袋利于生产无公害果品。套袋后减少了果实的农药使用量，而且使果实不受大气粉尘、农药残毒和工业废气等污染，生产的桃果可达到无公害的质量标准。果实套袋的操作方法为下：

1. 套袋时间　套袋一般结合疏果进行，随定果随套袋，直到幼果硬核后期（即生理落果后）结束。有桃蛀螟为害的桃园，桃果套袋要在桃蛀螟产卵盛期前结束。

2. 套袋对象　果实套袋主要是对中熟和晚熟品种实施，特别是晚熟品种，如八月脆、晚蜜、处暑红和红雪桃等。一般极早熟和早熟品种的果实不用套袋。另外，大果型品种和有裂果现象的品种，其果实要套袋。

3. 果袋选备

（1）自制果袋　在经济条件有限或购袋条件不足时，可利用废旧报纸自制果袋。如每张报纸可制作 9 厘米×13 厘米的果袋 8 个，每千克报纸约 44 张，可制作果袋 352 个。但因报纸不耐雨水，易破损，生产出来的果实商品价值较差，因此一般不采用。

(2)选购果袋　可根据所要预套桃果的大小，购买不同型号的桃专用袋。果袋的制作用纸，应耐风吹雨淋，不易破损。果袋下面要有排水孔。果袋用纸中不得含有害物质。

4. 套袋方法　由于桃的果柄较短，套袋时操作一定要仔细。为了便于操作，可将袋口上的果柄口加长一些。套袋时，首先把袋撑开，沿果柄口把果实放入袋内，然后用袋上的铁丝把袋口封紧，固定好即可。

5. 解袋时间　对于鲜食品种的桃和油桃，可于采果前 7～10 天解除果袋。对于制罐用桃品种上的果袋，因对果实的着色没有要求，可不解袋，待采果时连同果袋一起采摘下来即可。

6. 注意事项　套袋前全园打一次防治病虫害的药剂，避免将病虫套在袋中。

思考题

1. 什么是花诱导和花发育？影响花诱导的因素有哪些？

2. 桃果的发育过程可以分为几个时期？各时期的特点是什么？

3. 常用的辅助授粉方式有哪些？各自的优缺点如何？

4. 如何提高桃果的外观与内在品质？

第九章　病虫害防治与自然灾害防御

一、专业知识

(一)桃树病虫害的主要防治方法及其应用

桃树病虫害防治方法，包括农业防治、物理防治、生物防治和化学防治四种。农业防治是最基本的，也是最经济的防治方法，是其他防治方法实施的基础。

农业防治是根据桃树、有害生物、生态条件三者之间的关系，综合运用一系列农业技术措施，有目的地对桃园生态体系进行调控，创造出既有利于桃树的生长发育，使其生长健壮，增强对有害生物的抵抗能力，同时又不利于有害生物的活动、繁衍的环境条件。农业防治的主要内容和方法如下：

第一，通过各种方法，使树体生长健壮，提高对病虫害的抵抗能力。如加强肥水管理，合理控制负载量，通过合理的整形修剪调节树冠内微气候环境条件等。

第二，选择和培育抗(耐)病虫害的品种。例如，早熟品种能减少果实的病虫害。

第三，果园桃树不与其他果树混栽，也可减少病虫害发生，并可方便病虫害的防治。

第四，结合冬季修剪，去除树上残留的病虫枝和病虫果，并彻底清除园内的杂草、枯枝败叶和废弃包装材料等，以尽量减少桃园内越冬代病原菌和害虫的数量。在生长季，结合修剪、疏花疏果等操作，及时摘除受害的病虫梢和果实。

(二)桃园主要害虫

1. 桃蛀螟 桃蛀螟属鳞翅目螟蛾科,是一种杂食性害虫,常以幼虫危害桃果,造成严重减产。

(1)危害状 幼虫从果柄基部和两果相贴处蛀入果实,蛀孔外堆有大量虫粪。蛀果后的幼虫取食果肉,并使受害部位充满虫粪,虫果易腐烂脱落。

(2)形态特征 成虫体长约10毫米,翅展25～28毫米,全身橙黄色,体背及两翅背面散生大小不等的黑色斑点,腹部背面及侧面有成排的黑斑。卵椭圆形,长径为0.6～0.7毫米,短径为0.3毫米,初产下时为乳白色,后渐变为红褐色,表面布满网状花纹。老熟幼虫体长18～25毫米,体色紫红、淡褐或浅灰色,腹面淡绿色,头、前胸背板、臀板为褐色,身体各节均有粗大的灰褐色瘤点。

(3)发生规律 我国北方每年发生2～3代,南方发生4～5代,主要以老熟幼虫在被害僵果、裂缝、玉米秸秆等处越冬,也有小部分以蛹越冬。翌春化蛹并羽化为成虫。成虫羽化后一天交尾,产卵前期为2～3天。成虫对黑光灯有强烈的趋性,对糖醋味也有趋性。白天隐藏在叶背面,晚上出来活动。越冬代成虫多产卵于早熟品种桃果上,经6～8天孵化为幼虫。初孵幼虫先在果梗基部吐丝蛀食果皮,后沿果核蛀入果心为害,蛀食果肉和核仁。果外有蛀孔,蛀孔处流胶,并排出褐色颗粒状粪便,粪便被胶粘贴在果面上,果实内也留有虫粪。一果内常有数条幼虫,部分幼虫可转果为害。幼虫5龄,老熟后在果内、两果相贴处和果枝上结白色茧化蛹。

2. 梨小食心虫 广泛分布于我国南北方各个桃产区,主要以幼虫蛀食桃新梢和桃的果实。

(1)危害状 桃梢尖被害后凋萎枯干。被害果有小蛀孔,蛀孔周围略凹陷,孔外排有较细虫粪。果内蛀道直达果核,被害处留有虫粪。果面上有较大脱果孔，虫果易腐烂脱落。

(2)形态特征　成虫体长4～6毫米，翅展10～15毫米。全身灰褐色，无光泽。前翅混杂有白色鳞片，前缘有8～10组白色小斜纹，近基部3/5处有一小白点，近外缘处有10个小黑点。卵呈椭圆形，乳白色，半透明。老熟幼虫长10～14毫米，淡粉红色，头部黄褐色。小幼虫乳白色，头部及前胸板皆为黑色。

(3)发生规律　该虫在华北地区每年发生3～4代，华南每年发生6～7代，以老熟幼虫在树干皮缝中结白茧越冬。在华北地区，于4月上旬开始化蛹。羽化后的成虫主要在桃梢上产卵，一只雌蛾产卵50～100粒。成虫趋光性不强，但喜食糖蜜和果汁。幼虫孵化后多从新梢顶部第二、第三片叶处蛀入梢尖，并向下蛀食，蛀孔外排有虫粪。受害梢尖部位常流胶，并凋萎干枯下垂。一头幼虫可转移危害2～3个新梢。幼虫老熟后，结茧化蛹，羽化成虫，产卵，孵化。幼虫继续危害桃梢或果实。第二代幼虫发生在6～7月间。第三代卵盛发期在7～8月份。这代幼虫老熟后脱果，多数爬到树皮裂缝中越冬。由于梨小食心虫有转主危害的习性，在桃、梨混栽的果园发生较重。一般雨水多、湿度大的年份危害较重。

3. 桃　蚜　广泛分布于世界各地，危害桃、杏、李及十字花科蔬菜、烟、麻、棉等百余种经济植物和杂草。

(1)危害状　以成虫及若虫群集在嫩梢及叶片背面刺吸汁液，被害叶向背面作不规则的卷缩。大量发生时，致使新梢全部卷曲成团，妨碍新梢生长，削弱树势，影响果实生长和花芽分化。

(2)形态特征　有翅胎生雌蚜体长1.6～2.1毫米，虫体为绿色，或黄色、褐色、红褐色等，可因寄主体色而变异。头黑色，额瘤显著，向内倾斜。胸部、触角、足端及腹管均为黑色。腹部背面中央有一个大黑色斑纹，腹管细长，圆筒形，中央至端部略膨大。尾片短粗，圆锥形，有侧毛3对。无翅胎生雌蚜体长1.4～2.6毫米。虫体绿色，或黄绿、杏黄或红褐色。复眼浓红色。触角6节，除第三节基部色较浅外，其余均为黑色。其他特征与有翅胎生雌蚜相同。若虫与无翅胎生雌蚜相同，只是个体较小，淡红色。卵长椭圆形，长约 0.7 毫米，初产时淡绿色，后变为漆黑色，稍有光泽。

(3)发生规律　桃蚜在北方地区一年发生十几代，南方地区一年发生多达 30～40 代。早春桃芽萌动至开花时，桃蚜越冬卵孵化。若虫危害嫩芽，并开始孤雌胎生繁殖。初夏时，桃蚜繁殖最盛，危害最重。繁殖几代后，产生有翅蚜，迁飞到烟草、马铃薯及十字花科蔬菜上为害。至 10 月中旬产生有翅性母，迁回桃树。由性母产生有性蚜(有翅雄蚜和无翅雌蚜)，交尾后产卵越冬。桃蚜的天敌有瓢虫、草蛉、食蚜蝇和蚜茧蜂等。

4. 山楂叶螨　又名山楂红蜘蛛。属蛛形纲蜱螨目叶螨科。在我国北方果区普遍发生，主要危害仁果类果树、核果类果树和核桃、榛子等。

(1)危害状　叶片受害初期出现许多失绿小点，后逐渐扩大连片。发生严重时，受害叶片先从近叶柄的主脉两侧出现灰黄斑，终至全叶焦黄脱落。受害严重的桃树不仅当年的产量和品质受到很大影响，而且影响花芽分化和第二年的产量。

(2)形态特征　雌成螨椭圆形，长约 0.54 毫米，宽 0.28 毫米，深红色。卵极小，初产出时为白色，后变为橙黄色。初孵虫的幼螨为圆形，3 对足，黄白色，取食后变为淡绿色。若螨 4 对足。

(3)发生规律　山楂叶螨一年发生 5～9 代，以受精雌虫在枝干的翘皮下、粗皮裂缝内及靠近树干基部 3 厘米深的土块缝隙中越冬。在大发生的年份，还可以在落叶、枯草或石块下潜伏越冬。第二年春季芽开始膨大时，出蛰上树活动。芽露绿后，即转移到芽上为害。展叶后转移到叶片上为害。雌虫危害嫩叶 7～8 天后开始产卵，卵经 8～10 天孵化为若虫。若虫群集于叶背为害。这时越冬代雌成虫大部分死亡，而第一代雌成虫尚未产卵，恰是防治的有利时机。6 月份以后，世代重叠，各虫态同时存在，给防治工作造成一定的困难。高温干旱条件，有利于山楂叶螨的繁殖与为害，气候愈干旱危害也愈重。雨季到来后，山楂叶螨的危害迅速减轻。一般到9月下旬后鲜红色的越冬代大量发生。山楂叶螨大量发生的年份，可导致桃树树势衰弱和落叶。在这种年份，鲜红色的越冬雌虫于7月份即陆续出现。山楂叶螨性情不活泼，早春多集中在桃树的内膛枝上为害。以后逐渐向树冠外围扩散，成群聚集在叶背为害，并吐丝结网。卵多产在叶背主脉两侧及丝网上，并可孤雌生殖。

5. 桃潜叶蛾 分布在河南、河北、山东、陕西、山西、辽宁和甘肃等地。

(1)危害状 以幼虫潜入叶片蛀食叶肉，在上下表皮之间蛀食成细长弯曲的隧道，致使叶片穿孔、断裂或脱落。

(2)形态特征 成虫体长3毫米，翅展6毫米，虫体及前翅银白色。前翅狭长，前端尖，附生三条黄白色斜纹，翅尖端有黑色斑纹。前后翅部具黑色长缘毛。卵扁椭圆形，无色透明，卵壳极薄而软，大小为0.33毫米×0.26毫米。幼虫体长6毫米，胸部淡绿色，体稍扁，有黑褐色胸足3对。茧扁枣核形，白色，两侧有长丝粘于叶片上。

(3)发生规律 桃潜叶蛾以蛹在被害叶片上结一白色茧越冬。为害时期为5～9月份，8月份为害最重。卵产于叶下表皮内，孵化后的幼虫在组织内潜食为害，串成弯曲隧道。

6. 桃红颈天牛

(1)危害状 以幼虫在枝干的皮层和木质部蛀隧道，造成树干中空，皮层脱离，树势衰弱，以致引起死树。

(2)形态特征 成虫体长28～37毫米，黑色。前胸大部分棕红色或全部黑色，有光泽，两侧各有一刺突，背面有瘤状突起。卵长圆形，乳白色，长6～7毫米。幼虫体长50毫米，黄白色，前胸背板扁平方形，前缘黄褐色。

(3)发生规律　在华北地区 2～3 年发生一代，以幼虫在树干的蛀道内越冬。春季，越冬幼虫恢复活动，在皮层下和木质部钻蛀不规则的隧道，并向蛀孔外排出大量红褐色粪便及木屑，堆满树干基部地面。5～6 月份，发病最重，严重时树干被蛀空而导致树体死亡；5～6 月份，老熟幼虫粘结粪便、木屑，在树干内作茧化蛹，6～7 月份羽化为成虫。羽化后 3～5 天，成虫钻出树干皮缝，栖息于树干。2～3 天后交尾，产卵于枝干皮缝中。每条雌虫可产卵 40～50 粒。卵期 8 天左右，孵化后的幼虫先头朝下钻入韧皮部，越冬后继续在皮层内向下蛀食，至 7～8 月份，当幼虫约长至 30 毫米时，改为头向上，向木质部蛀食并越冬，至第三年 5～6 月份老熟化蛹，蛹期约 10 天。

(三)桃园主要病害

1. 桃黑星病　又名疮痂病，在我国各桃产区均有发生。该病主要侵害桃树的果实，其次侵害叶片和嫩枝。受害果实的肩部先产生暗褐色小点，后变为黑色痣状斑点，直径为 2～3 毫米。受害果表面粗糙，常发生龟裂。果梗部受害后常引起落果。嫩枝受害后形成长圆形浅褐色 3 毫米×6 毫米左右的病斑，后期稍隆起，并密生小黑点，常发生流胶现象。叶片受害后，在背面的叶脉间出现不规则形或多角形灰绿色病斑。以后，病斑逐渐转变为褐色或紫红色，最后干枯脱落，形成穿孔。病斑较小，直径很少超过 6 毫米。发病严重时，可引起落叶。该病属真菌病害，病原菌以菌丝体在受害枝条上越冬，春季经风雨传播，成为初侵染源。该病潜育期很长，达 40～70 天。受害果实一般在 6 月份开始发病，7～8 月份为发病盛期。极早熟及早熟品种的果实很少发病，中、晚熟品种则往往发病较重。

2. 桃炭疽病　该病是桃树上重要的果实病害之一，各桃产区均有发生，尤以上海、浙江、江苏、江西和安徽等多雨地区受害较重。流行时,果实大量腐烂,枝条枯死。炭疽病主要危害果实,也可危害枝梢和叶片。花后即可侵染幼果和幼叶。受害果上首先出现淡褐色水浸状斑。病斑随果实的膨大而扩大,呈圆形或椭圆形,红褐色并显著凹陷。果实上的病斑可扩展至果柄与果枝,使新梢上的叶片纵卷。被害果除少数干缩后仍残留在枝梢上以外,绝大多数软腐脱落。成熟前的果实受侵染后,病斑凹陷,并形成明显的同心圆皱纹。枝梢上的病斑暗褐色,水浸状,长圆形。潮湿时,病斑上也溢出橘红色黏稠物。在春季萌芽至开花期,枝条上的病斑发展很快。当病斑环绕枝条时,可造成枝条枯死。染病叶片上出现近圆形或不规则形病斑,淡褐色,后期中部变为灰褐色。该病属真菌病害。病原物在病果与病枝中越冬,春季随风雨传播,侵染幼果和新梢。该病在整个生长期内均可发生并造成危害。开花前后及果实成熟前阴雨潮湿的地区和年份,发病较重。早熟、中熟品种发病较重,晚熟品种发病较轻。

3. 桃褐腐病　该病为桃树的重要病害之一。全国各桃产区均有发生,尤以浙江和山东等沿海地区和江淮流域为重。该病主要危害果实,也危害叶片和枝梢。果实被害初期。果面上产生褐色圆斑,若环境条件适宜,病斑可在数日内扩及全果,果肉随之软腐,病斑表面产生灰褐色绒状霉丛。病果腐烂后脱落,但有不少病果失水变成僵果,仍悬挂于枝上经久不落。花朵受害后,自雄蕊及花瓣先端开始出现褐色水渍状斑点,后逐渐扩展至全花,随即变褐枯萎。天气潮湿时,病花迅速腐烂,表面丛生灰霉。若天气干燥,则病花萎垂枯干,残留枝上,经久不落。受害幼叶变褐枯萎,残留枝上。新梢受害后形成长圆形、中央稍凹陷的灰褐色溃疡斑,常发生流胶。病斑扩展环绕枝梢一周时,上部枝条枯死。

该病属真菌病害,病原菌在僵果和受害枝条上越冬,春季随风雨传播。造成初侵染,春季低温潮湿易引起花腐。后期阴雨高湿,易引起果腐。椿象和食心虫危害造成的伤口,常给病菌提供侵染的机会。树势弱和枝条过密、通透性差的桃园发病较重。

4. 桃细菌性穿孔病 该病分布在我国各桃产区，主要危害叶片，也能侵染果实和新梢。发病初期，叶片上出现水渍状小斑点，后扩大成圆形、多角形或不规则形紫褐色至黑褐色斑点，直径约 2 毫米。病斑周围呈水渍状并有黄绿色晕环，最后形成环状裂纹，病斑脱落后形成穿孔。此病常造成严重的早期落叶，影响花芽分化和第二年结果。受害果实的表皮先出现褐色小圆斑，后逐渐扩大，颜色加深，稍凹陷，边缘呈水渍状。天气潮湿时，病斑上常出现黄白色黏质分泌物。病斑或其周围常发生小裂纹，严重时发生不规则大裂纹，裂纹被其他病菌侵染后造成腐烂。枝条受害后形成溃疡斑；溃疡有春夏之分，春季溃疡发生在 1 年生枝上，而病原菌则是在上一年侵入的，春季萌芽后，枝条上形成暗褐色小疱疹，直径约 2 毫米。后扩展为 1～10 厘米长，但宽度多不超过枝条粗细的一半，有时可造成枯枝现象。至花期前后，病斑表皮破裂，病菌溢出，并开始传播。夏季溃疡多发生在新梢上，最初以皮孔为中心，形成水渍状暗紫色斑点，后变成褐色或紫黑色、圆形或椭圆形、中央略凹陷、边缘水渍状的病斑。

该病害的病原细菌在受侵染的枝条组织中越冬，萌芽期开始活动。开花前后，病原菌从病组织中溢出，借风雨和昆虫传播，经叶部气孔、枝条及果实的皮孔侵入。叶片一般于 5 月份发病。春季干燥冷凉地区的桃树极少发病，而春季温暖潮湿的地区，特别是秋季多雨、多露水的地区和年份，发病较重。

5. 桃褐斑穿孔病 该病属桃树常见病害，各地均有发生。它主要危害叶片，也可危害新梢和果实。叶片受侵染后形成圆形或近圆形病斑，边缘紫色，略带环纹，环纹直径为 1～4 毫米。后期病斑上长出灰褐色霉状物，中部干枯脱落，形成穿孔，可造成落叶。果实和新梢上的症状与叶片相似。

该病属真菌病害，以菌丝体在病叶或枝条组织中越冬。春季借风雨传播，侵染叶片、新梢和果实。以后在病部产生分生孢子，进行再侵染。

6. 桃霉斑穿孔病　该病在我国桃区普遍发生，危害叶片、果实和枝梢。叶片染病后出现紫色或紫红色圆斑，后逐渐扩大为近圆形或不规则形，直径为2～6毫米，褐色。湿度大时，叶片背面长出黑色霉状物，并造成病叶脱落，在落叶上形成穿孔。花朵染病后，特别是花梗染病后，花未开即干枯脱落。果实染病后，其病斑小而圆，紫色，凸起，使果面变粗糙。发病新梢上出现暗褐色、边缘红色的病斑，表面流胶。多年生枝染病后形成瘤状物，直径为5～10毫米。

该病属真菌病害，以菌丝或分生孢子在被害叶、枝、芽内越冬，春季借风雨传播，首先侵染幼叶，产生新的分生孢子后，再侵染新梢和果实。低温多雨天气，有利于病害的发生和蔓延。

7. 桃树腐烂病　该病是危害桃树的一种重要病害，又称干枯病或胴枯病。分布于我国各桃产区。该病主要危害主干和主枝，使树皮腐烂，导致枝枯树死。特别是在主干近地面处西南面发病多，受害严重。在整个生长期均可发病，尤以4～6月份发病最盛。桃树发病初期症状比较隐蔽，一般表现为病部略凹陷，外部可见米粒大小的流胶，起初为黄白色，后渐变为深褐色至黑色。胶粒下的病皮组织腐烂，黄褐色，具有酒糟气味。病斑纵向扩展较横向快，可深达木质部。后期病斑干缩凹陷，表面生出灰褐色钉头状突起的子座。撕开表皮，可见许多眼球状突起，中间黑色，周围有一圈白色菌丝。再后，子座顶端突破表皮，遇潮湿天气，便从中涌出黄褐色丝状孢子角。当病斑扩展绕主干一周后，病树很快枯死。冻害和树势弱，是诱发腐烂病的主要原因。

8. 桃树流胶病　该病在我国各桃产区均有发生，是一种极为普遍的桃树病害。植株流胶过多，可严重削弱树势，重者会引起死枝死树。该病主要危害主干和主枝分杈处。严重时，主枝、侧枝等多年生枝大范围流胶。小枝和果实也会发生流胶现象。骨干枝受害初期，病部稍肿胀。早春树液开始流动后，从病部流出黄色半透明树胶，雨后流胶现象尤为严重。流出的树胶逐渐变为红褐色胶冻状，干燥后变为茶褐色胶块。病部易被腐生菌侵染，使皮层及木质部腐烂，致使树势衰弱，叶片变黄，变小。严重时，大枝乃至全树枯死。

桃树流胶病的病因，可归纳为以下几个主要方面：①寄生性真菌及细菌危害，如干腐病、腐烂病、炭疽病、黑星病、细菌性或真菌性穿孔病等病害病菌的危害。②虫害，特别是蛀干害虫所造成的伤口，易导致流胶。椿象、象甲等害虫的危害可引起果实流胶。③土壤黏重、排水不良、酸性过大和重茬等。④机械伤、冻害和日灼等。

9. 桃树红叶病 桃树红叶病是我国在20世纪70～80年代新发现的一种病害。其具体表现是：在春季萌芽期嫩叶红化，侧脉间褪绿，出现不规则红斑。程度厉害时，叶片红斑焦枯，形成不规则的穿孔。全树发病严重时，春梢抽生困难，产量、品质受到很大影响。经鉴定，桃树红叶病为病毒性病害，但具体侵染源还不十分清楚。此病主要是通过嫁接及昆虫传染。

（四）主要自然灾害

由于各地生态条件的不同，桃树在一年中经常受各种自然灾害的威胁和侵袭，如风害、冻害、霜害、抽条、日灼和涝害等，给桃树生产造成巨大损失。这些损失，有的可以补救，有的导致绝产毁园。应针对当地频率高的主要自然灾害，采取有效措施，加以防止或减轻灾害的损失。

1. 抽　条 又叫生理干旱或冻旱。这是指桃幼树越冬后枝条干缩、死亡的现象。这在华北、东北、西北部干旱、春风大的果区常有发生，而且相当严重。在其栽培北界附近，常遇寒流早袭，冬季温度过低，或早春剧烈变温，常有抽条发生，轻者使幼园植株参差不齐，严重者大部死亡，全园报废。

（1）抽条症状　先从枝条成熟度差的顶部开始，逐渐向下抽条，外观上无斑痕，只是枝条干枯、皮皱，但组织并不变色。春季萌芽期，芽子不能萌发。

（2）抽条原因　抽条发生的主要原因是水分供应失调。即早春大气干燥，风速较大，持续时间长，地上部树体蒸发量大。但此时根际土壤尚未解冻，根系不能吸收水分上运，出现地上部与地下部水分接不上，引起枝条失水过多，严重时发展到干枯死亡。

抽条的发生还同栽培与树势有关。一是修剪过重，缺截过多，新梢直立旺长，贮藏养分少的树，抽条重。但是，生长势过弱、结果过量、贮藏养分少的树，也易出现。二是偏施氮肥，灌水过多，树势易旺，抽条必重。三是过度干旱、病虫猖獗、叶片早落树，抽条也重。四是阴坡、洼地或风口处果园，抽条也较重。五是大青叶蝉为害重、杂草多的果园抽条重。

2. 冻　害　越冬期间温度低于桃树所能忍受的极限值，引起树体部分受到伤害或死亡的现象，称为冻害。冻害一旦发生，轻者当年树弱减产，重者绝产毁园，给生产带来很大威胁。

（1）冻害症状

①枝干冻害：枝干受冻后常表现出皮层、形成层变褐，树皮易剥离，严重时树皮出现纵裂。在冬季，冻害发生的时间不同，表现的症状有时也不同。如果冻害发生在初冬，往往表现为形成层受冻，剪断枝条可以看到形成层变褐。如果冻害发生在深冬，而且不是十分严重时，首先受到伤害的是皮层和木质部。

②芽、花冻害：桃树中的许多品种花芽容易受到冻害，如五月鲜等。在花芽受到冻害后首先是髓部和鳞片基部均变褐，严重时，干枯死亡。一般顶花芽受冻重于腋花芽，花芽受冻重于叶芽，中心花受冻重于边花。

(2)冻害发生的原因　冻害发生的主要原因，是低温造成桃树枝干内细胞间隙结冰，引起细胞内水分外渗，造成细胞失水死亡。此外，低温也会造成细胞内结冻，使细胞膜产生机械性损伤，导致细胞死亡。冻害的发生与栽种地的极端低温值和品种的抗寒性强弱有关。大多数桃品种在冬季低温低于－23℃～－25℃时易发生冻害。冻害的发生除与极端低温值有关外，还与低温持续的时间长短有关。相同的低温值，持续时间长，易发生冻害。不同品种对低温的抵抗能力也不同。如抗寒力强的春晖桃，能够忍受－30℃的低温而连年丰产；但五月鲜和深州蜜桃等品种，在－15℃～－18℃时，即发生花芽受冻的情况。

3. 霜　害　霜害也称霜冻。是指果树在生长期夜晚土壤和植株表面温度短时间降至0℃或0℃以下，引起果树幼嫩部分受到伤害的现象。霜害多发生在晚秋和早春。前者称为早霜，后者称为晚霜。根据发生原因的不同，霜冻可分为平流霜冻、辐射霜冻和平流辐射霜冻三种。平流霜冻是由北方南下的冷空气造成短时间温度降低而引起的；辐射霜冻是因为在晚秋或早春，夜间天气晴朗，地面和植株表现由于辐射而大量散失热量，造成温度迅速下降，引起霜冻；平流辐射霜冻是由前两种因素共同作用而产生的，也是我国发生最频繁的霜冻。

霜冻对桃树的危害，主要是晚霜危害。在我国北方春季桃树萌芽开花期，常有晚霜发生，造成落花落果，并使幼叶受到伤害。霜冻的预防比较困难，特别是平流霜冻和混合霜冻，发生范围大，降温剧烈，一般很难预防。对于辐射霜冻，则可采取一定的措施加以预防，或避开晚霜的危害。

4. 日　灼　也称日烧，是由于温度骤变和阳光直射而造成的高温生理性伤害。日灼有两种，即冬春季日灼和夏秋季日灼。

冬、春季日灼，主要发生在冷凉地区，桃树枝干的南—西南面，由于白天阳光直射温度升高而解冻，而夜间温度剧降，使其重新结冻，这种融冻交替变化，使皮层和形成层组织细胞受到伤害，从而产生日灼。

夏、秋季日灼，是由于夏季阳光直射到果实和枝干上，使局部树干、主枝、果实和叶片温度过高，造成高温伤害。

冬季枝干发生日灼，常表现为树皮变色，凹陷，逐渐干枯、开裂或脱落。夏季果实日灼，首先是向阳面丧失绿色，局部发白，后逐渐变褐呈水烫状，以后逐渐干枯、发黑和龟裂，丧失商品价值。枝条受害后轻者变褐，表皮脱落，重者呈焦黑状，干枯开裂。

二、操作技能

（一）主要害虫的防治

1. 桃蛀螟的防治　桃蛀螟寄主多，且有转主寄生的特点。防治上应以消灭越冬代幼虫、成虫和第一代幼虫为主。①结合冬剪彻底清园，特别注意清除果园内及其附近的玉米秸、高粱秸、向日葵秆和蓖麻秆，消灭越冬幼虫和蛹。②在园内设置黑光灯或糖醋罐诱杀成虫。③摘除虫果，捡拾落果，消灭果内幼虫。④在各代成虫产卵高峰期喷洒 50%杀螟松乳剂或 50%辛硫磷乳剂 1 000 倍液。

2. 梨小食心虫的防治　①尽量避免桃与梨或苹果混栽。②用糖醋液或梨小食心虫性诱剂诱捕成虫。③田间卵果率达 0.5%～1%时，喷洒 50%杀螟松 1 000 倍液或 2.5%溴氰菊酯乳剂 3 000 倍液进行防治。

3. 桃蚜的防治　①树干涂药。桃树展叶后用 40%氧化乐果乳剂 1 份加水 2 份，在树干周围涂刷宽约 5 厘米的药环。涂药后用纸或塑料布包好，有效期约 15 天。如树皮粗糙，可将老皮刮掉后再涂药。②春天开花前后各喷药一次，药剂可用 50%避蚜雾

2 000倍液、40%氧化乐果或 50%灭蚜松 1 500 倍液。③保护和利用天敌。蚜虫的天敌很多,对蚜虫的控制作用很强。因此,春季果园里应尽量不用广谱性杀虫剂。

桃树的蚜虫还有桃粉蚜和桃瘤蚜,防治方法同桃蚜。

4. 山楂叶螨的防治 山楂叶螨的防治应抓住早春芽萌动期、开花期和花后一周这三个关键时期。①休眠期进行清园,刮除老皮和翻耕树盘,消灭部分越冬雌虫。②萌芽前喷 3~5 波美度石硫合剂。花前和花后一周喷药防治。喷洒的药剂可用 0.3 波美度的石硫合剂、45%晶体石硫合剂 300 倍液、5%尼索朗乳剂 1 500 倍液或 40%水胺硫磷 1 000 倍液。③保护和利用天敌。山楂叶螨的天敌主要有小黑瓢虫、小花蝽和蓟马等。进行药剂防治时,应尽量保护天敌。

5. 桃潜叶蛾的防治 ①结合冬季清园,消灭越冬虫蛹。②成虫发生期喷洒 50%杀螟松乳剂 1 000 倍液,或 50%对硫磷乳剂 2 000倍液。

6. 桃红颈天牛的防治 ①在夏季成虫出现期捕捉成虫。②经常检查枝条,发现虫粪时,即将树皮下的幼虫杀死。③在蛀孔内用药杀虫。枝上有新鲜虫粪排出时,将一粒磷化铝药片(1 克)塞入蛀孔内或向蛀孔内注入 80%敌敌畏 100 倍液,并用黏泥团堵住虫孔。④成虫发生前,在枝干上涂白,防止成虫在枝干上产卵。涂白剂的配方是:硫黄 1 份,食盐和动物油各 0.2 份,生石灰 10 份,加水 40 份。

(二)主要病害的防治

1. 桃黑星病的防治 桃树发芽前,喷布 5 度波美度石硫合剂加 0.3%五氯酚钠或 45%晶体石硫合剂 30 倍液,消除在枝条上越冬的病原菌。落花后,每半个月喷一次 70%代森锰锌 500 倍液,或 70%甲基硫菌灵可湿性粉剂 1 000 倍液,进行防治。

2. 桃炭疽病的防治　桃树萌芽前喷1∶1∶100的波尔多液，或3～5波美度的石硫合剂。花后至5月下旬，每10天左右喷一次药，共喷3～4次。药剂可用70%甲基托布津可湿性粉剂1 000倍液，或80%炭疽福美可湿性粉剂800倍液，或75%百菌清可湿性粉剂800倍液。

3. 桃褐腐病的防治　桃树萌芽前喷5波美度石硫合剂一次。落花后10天左右喷50%多菌灵或70%甲基托布津1 000倍液一次。半个月后，喷50%多菌灵可湿性粉剂1 300倍液一次。果实成熟前1个月，喷50%扑海因可湿性粉剂1 500倍液一次。

4. 桃细菌性穿孔病的防治　桃树发芽前喷45%晶体石硫合剂30倍液或30%绿得保胶悬剂400～500倍液，发芽后喷70%农用链霉素可湿性粉剂3 000倍液，半个月一次，共喷2～3次。

5. 桃褐斑穿孔病的防治　桃树落花后喷70%代森锰锌可湿性粉剂500倍液或70%甲基硫菌灵可湿性粉剂2 000倍液或75%百菌清可湿性粉剂700～800倍液。

6. 桃霉斑穿孔病的防治　春季桃树萌芽期喷3～5波美度石硫合剂加80%五氯酚钠300倍液。花后喷50%甲基硫菌灵500倍液或50%苯菌灵可湿性粉剂1 500倍液。

7. 桃树腐烂病的防治　该病原菌为弱寄生菌。因此，加强综合管理，增强树势是防治腐烂病的重要环节。在此基础上，及时治疗病斑，即可获得良好的防治效果。壮树防病的主要措施包括土肥水管理、病虫防治、疏花疏果、伤口保护、防止冻害和日灼等。伤口保护办法主要是将较大的剪锯口削平，然后涂以桐油或长效干病灵(中国农业大学果树系新产品)。较大的病斑治愈后要及时进行桥接。防止冻害的有效措施是将树干涂白。常用的涂白剂配方是：生石灰6千克，加石硫合剂原液(约20波美度)1千克、食盐1千克、清水18升。另外，涂白剂也用以防止日灼。

要认真彻底地进行病斑治疗。桃腐烂病一般仅危害潜皮层。

在春季发芽前刮去老翘皮及坏死组织，即可刮去大部分病斑，除去树上所带的大部分病原菌。同时，刮皮后可刺激树皮产生愈伤组织，促使病斑愈合。对已明显扩大的腐烂病斑应进行彻底刮治，除刮去病组织以外，还应刮去病斑周围3～5毫米宽的健康组织。刮皮后应结合涂药治疗，涂抹长效干病灵效果较佳；也可涂40%福美砷50倍液或30%腐烂敌30倍液。

8. 桃树流胶病的防治 春季桃树发芽前，将流胶部位的坏死组织刮除，涂抹45%晶体石硫合剂30倍液。生长期可喷50%甲基硫菌灵超微可湿性粉剂1 000倍液或80%多菌灵800倍液防治。

9. 桃树红叶病的防治 ①严防苗木带毒传播，不在病株上采取接穗，对苗圃内发现的病株要坚决销毁。②加强果园综合管理，特别是对刺吸式口器昆虫的防治，以减少虫传的机会。修剪时应随时对剪子、锯等工具进行消毒，以免人为地传播病毒。对田间偶然发现的病株应坚决铲除并销毁。③进行药剂防治。于秋季和春季萌芽期喷NS-83增抗剂100倍液，每年喷施3～4次，相隔时间为15～20天，可有效地控制和减轻该病的危害。

(三)主要自然灾害的防御

1. 防止抽条的措施

(1)适地建园 根据各品种生态要求，考虑到当地特点，做到适地适栽。可选择小气候好、背风向阳、地下水位低、土层深厚、土质疏松和砂壤土地段建园，而不宜在阴坡、高水位及瘠薄地建园。

(2)培育抗寒苗木 选用抗寒砧穗组合。

(3)改进栽培技术

①砧木建园，就地高接，可提高抗寒性，并保持中庸健壮。

②对幼树合理施肥、灌水，前促后控，控制过量施氮肥，增施磷、钾肥，以农家肥为主，化肥为辅。加强夏季修剪，控制营养生长，应用植物生长调节剂，促进树势缓和与秋梢及时停长。

③进行人工落叶。北方果区低温来得早，幼树冬前大多不能自然落叶。因此，9月底至10月初，人工去除新梢上的叶片，可迫使幼树提前进入休眠，减少水分蒸发，提高幼树安全越冬率。

④防治大青叶蝉。大青叶蝉产卵时在枝条上留下许多弧形伤口（卵袋），使桃枝不耐风寒，易抽干死亡。为此，9月底前用速灭杀丁、敌杀死1 000倍液或灭扫利4 000倍液，喷布枝干和果树周围防护林及草地等，防止成虫产卵。对于虫卵量大的桃树，用小木棍将枝干上的卵袋碾压死，效果也好。

⑤灌封冻水和解冻水。封冻前灌水，有助于滋润根系，供应地上部蒸腾需要。灌后耕翻越冬，有利于增加土温，晚结冻，早融冻，缓解冻旱危害。即将解冻时灌水，可使土壤早解冻，地上部活动延缓，减少抽条。

⑥早春增温。如顶凌刨园、勤锄地和盖地膜等，均可提高地温，促进根系活动，增加吸水、供水量。

⑦营造防风林。在迎风面营造果园防风林，以降低风速，减少蒸发，保护桃树。

⑧培土埂。入冬前，于树干西北方向，修筑一个半月形土埂，土埂高30～60厘米，距树干50～80厘米。使树盘和树干周围形成背风向阳的小气候环境，地温上升快，根系活动早，吸收和供水能力强，是防抽条的主要措施之一。待土壤完全化冻后，即可撤掉土埂。

⑨冬前修剪。由于枝量的减少，相对地减少了蒸发表面积，自然改善了留下来枝条的水分供应。另外，修剪时，大多剪去持水力低的秋梢部分，从而减少了休眠期的水分蒸发量，因而，对防止抽条有一定的效果。

(4)防护措施

①喷施羧甲基纤维素（CMC保水剂）：该产品为粉剂（天津市友谊纤维素厂产），黏着性强，喷后可在枝干表面形成一层超薄保

护膜，可防止水分蒸发。配时，先用5～10倍凉水将羧甲基纤维素浸泡一昼夜，使其成糊状，然后对水到需要浓度。在幼树上，连续几年喷布羧甲基纤维素，防止抽条效果可靠而稳定。喷布时间在2月20日和3月10日，喷布浓度为100～200倍液。喷后调查植株无一抽条，枝条完好率达100%。用50倍液羧甲基纤维素涂抹枝干，效果也很好。对2～4年生树，可于2月中下旬和3月中旬各喷一次150～200倍液羧甲基纤维素液，1年生幼树可用50倍液涂干。这是一种行之有效的防抽条方法，在各地可试用。

②喷用保水剂：保水剂（抚顺石油化工研究所产品），为白色乳状液，无毒无异味。配制时，使水温保持20℃左右，先放保水剂，后边加水，边搅匀。用喷雾器喷布，要求均匀、细致、周到，喷到树上，形成一层既能防止水分蒸发，又不影响枝条正常呼吸作用的白色保护膜。喷布时期是11月中旬和3月份。喷布浓度为5～10倍液。随着浓度的增加，防抽条效果会更好。

③喷用高脂膜：2月中旬至3月中旬，对幼树喷2次200倍液高脂膜，防止抽条可取得较好效果。

④缠塑料膜条：将厚度0.003毫米的白色农用塑料薄膜剪成2～3厘米宽、1～2米长的条带。对栽后1～2年生树在修剪以后，逐个将枝条从梢缠到基部，注意接茬要紧严，以免风吹失去作用，在花芽开始膨大前，解除包扎。这样做防抽条效果十分明显。

⑤埋土：将新栽幼树沿风向弯倒，培土可防止抽条发生。

⑥树干涂白：对抽条不严重地区，可涂白涂剂防止抽条。白涂剂配方为：生石灰5千克，食盐0.5千克，水15升左右，细豆面0.25～0.5千克或6501粘着剂600倍液。配法：将生石灰和食盐放入缸中，倒入水，待石灰熟化后，再倒入粘着剂，搅匀后涂枝干时，南面、西南面要均匀周到。

⑦涂凡士林和熟猪油：用医用凡士林1份，熟猪油1份，放锅中加热调匀，于落叶后封冻前，用毛刷将混合物均匀涂抹到1～2

年生枝上，如对树干涂抹则更好。由于枝干涂油形成一种保护层，遮住皮孔和伤口，可抑制大青叶蝉等虫卵的孵化。

2. 防止冻害的措施

(1)选择好园地 按品种区划规划果园，要选小气候好、不易发生冻害或有特殊防冻措施的地区，适度栽植。不宜在地下水位高、低洼地、近山麓基和风口处建园。

(2)建造防护林或围墙 在建园前先按计划营造防护林，或在果树栽植的同时，栽好防护林，使其在果树幼龄期就能起到防护作用。至于面积小的家庭果园，打 2～2.5 米高的土围墙，也有一定的防冻作用。

(3)选定适宜砧穗组合 选定抗寒性强的砧穗组合，适合当地气候条件，可以避免和减轻冻害的发生。

(4)加强栽培措施 一是搞好肥水管理，做到前促后控，前期以追氮肥为主，后期以追磷、钾肥为主；前期适当供水，后期要控水和排水，使幼树早长、早停，增加树体贮藏养分，有利于安全越冬。二是适度密植，加强群体防护作用，减轻冻害。三是加强四季修剪，控制过旺生长，促进成花结果。四是提供越冬保护，如落叶后或入冬前，对树干涂白或缚草，用土覆好裸露的根系，在根颈处培土(但不宜过高)，冬剪伤口涂封剪油等保护剂。

3. 防止霜害的措施

(1)选好园址 根据一般冷空气容易沉积在低洼、闭合谷地造成霜害的实际情况，选择桃园地址时，应避开地下水位高、低洼地和排水不良地，改在山峁、丘陵、倾斜地和阳坡地栽树建园，这些地方空气流通，霜冻机遇少。

(2)延迟发芽，躲避霜冻

①春季多次灌水或喷灌，可显著降低地温，延迟发芽。发芽后至开花前再灌 2～3 次水，一般可延迟开花 2～3 天。霜前灌水可预防和减轻霜冻。有条件的采用喷灌，水遇冷结冰，发出热能，保

护树温缓慢下降。若喷 0.5%蔗糖水,防霜效果更佳。

②枝干涂白,可延迟萌芽、开花 2～3 天。

③利用腋花芽结果。当顶花芽受霜冻时,腋花芽比顶花芽晚开花 2～4 天,可免受冻害,能照常结果,取得丰收。

④萌动初期,喷 0.5%氯化钙后,可延迟花期 5 天左右。

(3)改善桃园小气候条件

①利用加热器升温:加热器由贮油罐、燃烧室和烟道组成,利用烧柴油放热、发烟。霜冻前,点燃加热器发烟加热,每小时燃油 3 千克,每公顷设置 60～90 个,可使果园升温 4℃左右。

②熏烟:熏烟防霜是利用浓密烟雾防止土壤热量的辐射散发。这种方法只能在最低温度不低于－2℃情况下使用。发烟物可用防霜烟雾剂,效果很好。配方是:硝酸铵 20%～30%,锯末 50%～60%,废柴油 10%,细煤粉 10%。这些材料越细越好。按上述比例配好发烟物后,将其装入纸袋或容器内备用。发烟物也可用作物秸秆、杂草和落叶等能产生大量烟雾的易燃材料。

③吹风:于果园四周,均匀安放数台吹风机,开动后搅动桃园里滞留的冷空气,也有良好的防霜效果。

4. 预防日灼的措施

(1)树体防护

①涂白:可以反射冬春阳光,减小温度变幅,减轻日灼。

②树干缚草、涂泥等,也有一定防日灼效果。

③放覆盖物:在高温季节,对树冠裸露处枝干或果实上部,散覆薄层杂草,具有防晒免灼作用。

④伤口涂保护剂,防止水分蒸发。

(2)树冠管理

①在易发生日灼地区,加大桃树树冠留枝量,多留辅养枝和背上枝组。

②采用低干矮冠树形,减轻枝干日灼。

③果实套袋，防止果实日灼有明显效果，但要注意套袋时期、果袋质量、套袋方法等要适当，使防日灼效果真正落到实处。

④加强田间管理，如树下覆草，适时灌溉，树冠微喷等，可明显减轻日灼的发生。

思考题

1. 桃树的主要害虫有哪些？如何防治？

2. 桃树的主要病害有哪些？如何防治？

3. 什么是抽条？发生的原因是什么？如何防治？

4. 根据发生的原因，霜冻分为那三类？可以预防的是哪一类？

第十章 桃树的设施栽培

一、专业知识

(一)栽培设施的类型与结构

桃树保护地栽培设施,有温室和塑料大棚两种。温室有多种类型,但就我国的气候条件和经济水平而言,日光温室是目前也是今后一个相当长时期内我国桃树栽培温室的主要类型。塑料大棚按外形可分为单栋和连栋两种。单栋塑料大棚按有无加温设备,又分为温棚和冷棚两种。冷棚一般可使采收期提早20～30天,温棚可使收获时间提得更早。桃树塑料大棚栽培适于我国南方桃产区,也可用于北方极早熟优良品种栽培。

日光温室白天通过吸收太阳光升温蓄热,夜间通过保温性能良好的围护组织减少热量损失,保持一定的温度。要使日光温室具有良好的生产性能,必须使其具有良好的结构,温室的各部分都必须达到一定的技术指标,并具有较好的坚固性。其主体结构至少应能维持10年左右。

日光温室由后墙、东西山墙、后坡和前屋面构成。依据日光温室的原理和桃树栽培的需要,并参考各地日光温室研究的成果,介绍桃树日光温室结构参数,以供我国中北部地区建造桃树日光温室时参考。温室的后墙内侧高200厘米,外侧高230厘米,后墙厚60～80厘米。温室净宽度,即内跨度为700厘米。脊高320厘米,后坡垂直投影宽度为150厘米,屋面角为27°。东、西山墙各厚50厘米。前屋面宽700厘米,其距南侧底脚50厘米处高150～

160 厘米。温室长度，即东西两山墙之间的距离为 30～100 米均可，一般以 60～80 米为宜。后坡厚 30～50 厘米，草苫厚 5～8 厘米，这两个厚度随所处地区纬度的升高而加厚。墙体可用砖石结构，也可用土坯墙或板筑墙。骨架可用钢筋水泥构件，也可用钢结构或竹木结构。

塑料大棚有落地弧拱式、有肩弧拱式和连栋式三种。按建造材料分，有钢结构、钢筋水泥结构和竹木结构三种。但不论哪种大棚，其结构参数主要由跨度、顶高、肩高和矢高所组成。其中，最重要的是矢高和跨度之比必须合理。理想的矢跨比为 1∶4～6。肩高应在 1.5 米左右。竹木结构大棚的拱杆采用 4～6 厘米宽、约 1 厘米厚的竹片，纵向拉杆采用 4～6 厘米粗的竹竿或木杆。棚内立柱可采用 5～8 厘米粗的杂木或断面 8 厘米×8 厘米的钢筋水泥柱。

(二)桃设施栽培对品种的要求

栽培设施内的生态环境，与自然生态环境有诸多不同，所栽桃树品种与之相适应，才能获得理想的效益。根据设施条件的要求，设施桃树品种的选择，应从果实的商品性、成熟期、需冷量、丰产性和自花结实能力等几个方面考虑。桃树设施栽培的目标，是为春季果品市场提供优质高档桃消费品。所以在选择品种时，第一，应注意其果实的商品性，要求果个大，果形端正，色泽艳丽，味道鲜美。在保证果实具备高档商品性的基础上，还要考虑成熟期。第二，在成熟期方面应选择果实发育期(盛花期至果实成熟)为 60～80 天的早熟和极早熟优良品种。第三，选择成熟期时应同时考虑品种的需冷量。品种的需冷量是决定该品种果实上市早晚的重要因素之一。这是因为桃树为了度过冬季不良环境而处于一种休眠状态，只有解除这种休眠才能正常开花结果。而解除这种自然休眠需要一定时间的低温积累。打破某个品种自然休眠所需的有效低温时数，叫做该品种的需冷量。不同品种之间，需冷量差异很大。最低的11月中旬即可解除休眠，最高的要到2月中旬才可解除休眠，二者相差3个月。如果这两个品种的果实发育期相同，成熟期则可相差将近3个月。换句话说，同样进行设施栽培，如果两个品种的果实发育期都是60天，需冷量低的品种采收上市时，那个需冷量高的品种才刚刚解除自然休眠。第四，要考虑有无花粉。花粉量大的品种，往往产量高而稳定。当然，那些成熟早、品质特优的无花粉品种，亦可用于设施栽培，但必须进行人工授粉。

二、操作技能

(一)栽培设施的建立

桃树栽培设施投资较大，使用年限较长，建造时必须认真选好地址，并科学地进行规划设计。

1. 场地选择 建造桃树栽培设施应选在冬、春季光照充足、地势平坦、排灌方便、土壤肥沃和四周无高大建筑物的地方。具体要求如下：

(1)光照条件 桃树为喜光性果树，加之阳光是绿色植物进行光合作用的必要条件，又是日光温室内光热的源泉。所以，建造日光温室一定要选在冬、春季阴天少，光热资源丰富的地区，尤其应避开经常出现连阴雨天气的地区。选择的地势要平坦开阔。东、西、南三面不能有高大的建筑和林木，以免遮挡阳光。在山区及其附近地区，应选择山南作棚址，而不宜设在山的北侧。因冬季南侧山顶经常出现的浮云，会造成山北相当大范围内光照不足，室温也上不去。此外，应避开风口或常有大风出没的地方，以免造成严重的风害。在工矿区附近，设施场地应选在上风一侧。因为下风处会有严重的粉尘污染，还影响光照。

(2)水电条件 设施群附近应有充足的水源和电力条件,以保证及时灌水和必要时进行补光。

(3)交通条件 桃的设施栽培是高新技术的高投入、高产出的集约化生产形式。为便于管理、集中指导和果实销售,应集中成片建造,场地最好选在物料和产品运输方便,可以不断扩大面积的公路两侧及附近地区。

2. 场地的规划设计 首先是确定设施的方位,然后确定设施与其周围设施、建筑或林木之间的距离。大型设施群应规划成几个部分,并建立相应的公共设施,例如办公室、库房、果品分选包装场、道路、水井、水塔及灌溉管网等。

日光温室应坐北朝南,可抢阴或抢阳5°～10°。南北两栋温室之间的距离应为南侧温室高度的2倍,南边第一栋温室与其南侧建筑物或其他障碍物之间的距离,应为其南侧建筑物或障碍物高度的2倍以上。在东西两排温室之间,除留足每栋温室头部加盖一间小屋的位置以外,还应留出4～6米宽的道路,以便于机动车运送果品或肥料等。

塑料大棚一般应南北设置,在山地、坡地上应沿等高线设置。南北两排大棚之间的距离应为南侧大棚高度的2倍,坡地上则可适当减少,东西两栋大棚之间的距离至少在3米以上。

确定设施的方位可用经纬仪、罗盘或投影定向。投影定向即在建造设施的地方竖一直杆,晴天正午时地面上的影子基本上是正南北线。划定南北基线后,再划出东西线。东西、南北两条基准线确定之后,即可利用皮尺或百米绳,按设计要求放线打桩。线放完后就可按设计要求施工了。

(二)苗木准备与定植

桃树苗木的质量好坏与定植技术的高低,直接关系到定植成活率的高低、缓苗快慢及生长量的大小,进而影响促花技术的实施，以及第二年能否投产。因此，必须给予足够的重视。苗木可自己培育，也可从市场上选购。选购苗木时，品种一定要准确，纯度要高，苗干充实健壮，芽多而饱满，根系发达，须根量多。最好在定植前现时起苗，并在运输和假植过程中保护好根系。桃的日光温室或塑料大棚栽培，均应采用南北行定植。株距为0.5～1米，行距为1.5～2米。桃树苗木的定植工作必须在萌芽前完成。定植沟深40厘米，宽50厘米，每667平方米施入腐熟的优质有机肥7～10吨，与土混匀。切忌施生粪或过多的化肥，以免烧根。栽植深度以根颈下第一层根系距地面5～10厘米为宜，切不可栽植过深。栽后一定要踏实，并随即浇透水。也可按行起垄，树栽垄上。这种栽法便于夏季多雨地区防涝。栽后及时定干，定干高度为40～60厘米。缓苗后应及时进行灌水、中耕除草和病虫害防治，并随时除去双芽梢、三芽梢和树干上30厘米以下部位萌发的新梢及根蘖，促使幼树迅速生长，尽快增加枝叶量。

(三)促进花芽分化

7月上中旬是促进桃树花芽分化的关键时期。此期应控制灌水，不施氮肥，而要施入适量的磷、钾肥，同时应施多效唑促进花芽分化。多效唑可土施，也可叶面喷施。土施每株用量为100毫克(纯量)。其方法是将称好的多效唑溶于一定量的水中，施入树干周围39厘米左右范围内10厘米深的土层中，施后覆土，浇足水，5～7天显效。叶面喷施可采用500～700毫克/升(按纯量计)的多效唑水溶液。25～30天后再喷一次。施用多效唑无论采用哪种方式，均应适量。剂量过大或过小，均不具有良好的促花作用，还会给以后的管理带来很大的麻烦。

(四)树体控制

桃树为落叶小乔木。大田栽培条件下树高2～3米，冠径5～

7米。进行设施栽培时，为了迅速投产，往往需要超高密栽培，每公顷栽6 000～13 500株，折合为每667平方米栽400～900株。为了连年丰产，就必须有效地控制树体。若树高得不到有效的控制，势必增加设施的高度，大大地提高设施建造和管理的费用。桃树控冠有以下两条途径：

1. 直接修剪，控制树体大小 修剪控冠的具体方法主要有以下三种：①每年采收后，在距地面10～20厘米处去除整个树冠。留下的树桩很快长出新的枝梢，选留其中一个直立健壮的，余者全部疏除。到了秋季，留下的枝梢长成新的树冠，下一年开花结果。②采收后，疏去过密、过强或过弱的枝条，留下的枝条全部留5～10厘米长后短截。从短截后长出新梢上发出的枝梢形成花芽，成为下一年的结果枝。③上棚后修剪。在树干和大枝组的枝轴上，每隔15厘米左右留一条长40～60厘米的水平或斜生结果枝结果，将其余枝条全部疏除。采收后，在已结过果的枝条基部，留一条中长梢后缩剪。留下的新梢当年形成花芽，下年结果。

2. 限制根系，控制树体 这也是设施栽培中控制树体大小的常用方法。在栽培上，限制根系分布范围的方法很多，大致有以下三大类：一是利用无纺布限制根系扩展。二是利用各种容器，如泥瓦盆、塑料盆、塑料筐、木桶和木箱等栽桃树。三是利用水泥槽或木板等做成栽培床，床上堆装混有适量有机肥的土壤，在上面种桃树，床底或床面与地面平行即可。床栽桃树根系分布浅，结果后易倒伏，因此需要设立支架。容器的大小应在0.03～0.08立方米。床栽时，每株所占有的土量为0.1立方米左右。

(五)覆 盖

覆膜时间合适与否，是桃树设施栽培成败和效益高低的重要因子之一。覆膜(上棚)过晚，采收期明显推迟，降低生产效益；覆膜过早，则树体自然休眠不足，萌芽开花不齐，生长结果不良。最适宜的覆膜时期，就是所栽品种的自然休眠结束期。目前，我国的桃树设施栽培刚刚起步，对生产上所采用的优良早熟和极早熟品种的需冷量及自然休眠结束期，缺少详细的研究。据近两年对北京地区十几个优良早熟和极早熟桃与油桃品种的研究，发现其自然休眠结束期为 12 月中旬至 2 月中旬，多数品种为 12 月下旬至次年 1 月中旬。为确保桃树设施栽培的成功，生产者应掌握鉴定所栽品种自然休眠是否结束了的方法。目前，最简单也是常用的鉴别方法，是定期从田间采集枝条，拿回室内扦插。扦插期间，每 2～3 天换一次水，温度控制在 18℃～22℃，4 周后发芽率达 50％时，其枝条的采集日期即是该品种的自然休眠结束期。发芽率低于 50％时，表明该品种的自然休眠尚未结束。一般来讲，同一季节在同一地区不同年份间的气候变化是相对稳定的，因而不必每年进行这种鉴定，只在最初的 2～3 年内做 2～3 次就可以了。

（六）栽培管理

棚室桃树的栽培管理，主要包括温度、湿度、疏花疏果、土肥水管理和病虫害防治等。

1. 温度管理 温度是影响桃树器官发育的重要因子。覆膜以后，特别是坐果前的温度管理尤为重要，生产上必须给予足够的重视。温度是通过影响桃树的物质合成、运输和代谢，来影响其器官发育、产量和品质形成的。在一定范围内，随着气温的升高，营养物质的吸收、合成、运输及代谢速度加快。但如果温度过高，则往往表现器官发育不全或出现畸形，从而导致坐果不良或根本不能坐果。气温过低，降到 0℃以下，则会发生冻害。若管理不当，日光温室内的桃树很容易受到高温伤害，而塑料大棚内的桃树则易出现低温冻害。桃树生长发育的不同时期，所要求的温度是不同的。催芽期和萌芽期白天的温度不宜超过 20℃。温度升到 25℃时，则叶芽发育明显超过花芽，从而抑制花芽发育；温度超过

30℃时，则可能造成大量花芽的脱落。花期的适宜温度为18℃～22℃。在花后至采收期间，白天温度应保持在20℃～25℃，最高不超过30℃，夜间为15℃～10℃，傍晚和前半夜温度高，有利于叶片中白天合成的同化产物向外输出；后半夜至早晨温度要低，为5℃～10℃，以尽量减少呼吸作用的物质消耗。在温度管理中，降温或防止温度升高是通过放风来实现的；而防止低温伤害则是通过适当加温或加盖保温材料来达到的。

2. 湿度管理　湿度影响桃树的蒸腾作用、光合作用和对矿质元素的吸收。另外，病害的发生也与湿度不当有关。因此，湿度管理是桃树设施栽培的重要环节之一。空气湿度过低，则气孔关闭，光合速率下降；空气湿度过高，则蒸腾作用受阻，抑制根系对矿质元素的吸收。此外，湿度过大，有利于病害的发生和蔓延。尤其在花期，空气湿度过大，会导致花粉破裂或花腐病流行，严重影响坐果。催芽至萌芽期要求空气相对湿度较高，为70%～80%，花期相对湿度控制在50%～60%，展叶后控制在60%以下。无论日光温室，还是塑料大棚，其内部的空气相对湿度均较高，常在90%以上。因此，必须采取措施，降低湿度，才能保证设施生产的正常进行。降低设施内空气相对湿度的主要方式，是地面覆盖和通风换气。

3. 疏花疏果　设施内环境条件稳定，疏花疏果应该早进行。因设施内光照度低，时间短，留果量应适当减少。具体的留果情况因品种、修剪及控冠方式而定。原则是不留延长枝和预备枝，修剪后留下来的枝条全部用来结果，树冠外围的强壮枝应适当多留果。

4. 土肥水管理　土壤管理是要及时中耕除草，保持土壤疏松。施肥以有机肥为主。化肥主要追施磷、钾肥，特别是钾肥。追肥应早施，坐果后即可进行。设施内灌水应少量多次，最好进行滴灌。灌溉时间安排在上午10时以前。设施栽培是在一个封闭程度很高的空间内进行的。晴天时，日出后不久，设施内的二氧化碳浓度便迅速降低，如果不及时补充，则会严重影响桃树的光合作用和产量。因此，施用二氧化碳肥是设施栽培中的一项重要技术措施。一般情况下，二氧化碳施肥可以增产 20%～30%，最高可达 50%。施用二氧化碳肥的方法很多。生产上经常采用的是增施牛、马粪或作物秸秆、枝叶与杂草等有机物发酵的方法，也可通过矿物油燃烧、碳酸挥发等方式。设施内适宜的二氧化碳浓度因天气状况而异，晴天为 1 000～1 500 毫克/升，阴天为 500～1 000 毫克/升，雨天则不施。利用有机物释放二氧化碳是最简便实用的方法，施一次大约可维持两个月。同时，也有利于改善土壤结构，提高土壤肥力。施用二氧化碳肥应注意以下几点：第一，施用二氧化碳肥应在叶片大量展开后进行。若利用施有机物提高二氧化碳浓度，则应提早进行。第二，在日出后半小时或揭苫后至通风换气前的 2～3 小时内进行。不换气时，施用 3～4 小时后结束。第三，施用二氧化碳的同时，可适当提高设施内的温度，但最高不能超过 30℃。此外，应使设施内傍晚和前半夜具有较高的温度，以保证白天合成的光合产物能顺利地从叶片中转移到其他器官内。第四，应注意控制土壤和空气湿度，防止过度的营养生长。温室栽培，要注意通风。

5. 病虫害防治　设施内空气湿度大，有利于病害的发生和蔓延，应加强对病害的防治，增加喷药次数。用药的种类和浓度，可参考本书第 10 章中相关部分的内容。当然，最好选用烟雾剂，也可直接喷施粉剂。实施时，可参照有关书籍材料进行操作。

思考题

1. 进行设施桃树栽培时应如何选择品种？
2. 设施栽培桃的花期温度应该怎样控制？
3. 如何进行设施桃树的栽培管理？

第十一章　桃果采收、处理与贮运

一、专业知识

(一)果实的成熟过程及其生理变化

1. 呼吸变化　随着果实的成熟,果实的呼吸速率逐渐降低,在成熟末期突然升高后下降,这种现象称果实的呼吸跃变。呼吸跃变的出现,标志着果实达到成熟可食的程度,也意味着果实即将进入衰老。呼吸跃变产生的原因,可能是果实发育过程中积累了大量物质,糖酵解速度加快,产生较多的呼吸底物,水解酶与呼吸酶活性升高,因此呼吸速率升高。在呼吸跃变过程中,内源乙烯含量增加。

2. 果实成熟过程中的物质转化　随着果实的成熟,淀粉含量减少,可溶性糖含量增加,可滴定酸含量减少,果实变甜。同时果实开始出现品种特有的香味。果皮的叶绿素含量减少或消失,类胡萝卜素和花色素等显色物质含量增加,果实呈鲜艳色。果实的色香味达到成熟状态。

3. 果实软化　未成熟果实很硬。果实在成熟过程中细胞壁成分开始被分解,果实变软。

(二)适时采收的意义

桃果适时采收,就是根据它本身的特点、运输距离和贮藏时的贮运条件等,选择合适的成熟度进行采收。采收过早,不仅影响果实的大小和产量,还会影响到果实的色泽、风味和品质;采收过晚,果实已经或开始成熟衰老，不耐贮运。一般来说，对于长距离运输销售或长期贮藏的果实，采收成熟度应该掌握稍低一些，而就地销售的桃果可以适当晚收一点。

（三）温度、湿度和环境气体成分对果实贮存的影响

果品贮藏是一项系统工程。要延长果实的采后贮藏寿命，除需要有完善的采后处理技术和贮运条件外，还必须充分考虑采前因素和采收过程对果实的影响。

1. 采前因素

（1）不同品种果品的贮藏特性差异很大　桃多数品种比较不耐贮藏，在最佳条件下的贮藏期也只有50～60天。因此桃果收获后，必须及时销售或者进行加工。同一种类不同品种的桃果，由于组织结构、生理生化特性、成熟收获时期不同，品种间的贮藏性也有很大差异。一般规律是，晚熟品种耐贮藏，中熟品种次之，早熟品种不耐贮藏。

（2）树体生长情况　桃树在田间的生长发育状况，包括树龄大小、长势强弱、营养状况、植株负载量、个体大小及其着生部位等，都会对果实的贮藏性产生影响。一般来说，幼龄树和老龄树结的果实不如盛果期树结的果实耐贮藏。这是由于幼龄树营养生长旺盛，结果数量少而致果实体积较大、组织疏松和果实中氮钙比值大，因而果实在贮藏期间的呼吸水平高，品质变化快，易感染寄生性病和发生生理性病害。老龄树地上、地下部分的生长发育均表现出衰老退化趋势，病虫害较重，根的营养物质吸收能力变小，地上部光合同化能力降低。因此，老龄桃树果实体积小，干物质含量少，着色差，抗病力下降，其品质和贮藏性都发生不良变化。由于大果具有与幼树果实性状类似的原因，所以贮藏性也较差。负载量适当，可以保证果实营养生长与生殖生长的基本平衡，使果实有良好的营养供应而正常发育，收获后的果实质量好，耐贮藏。负载

量过大时,由于果实的生长发育过度地消耗营养物质,首先削弱了植株的营养生长,果实也因为没有足够的营养供应而发育受损。树冠外围的比内膛的着色好,风味佳,肉质硬,并且耐贮藏。

(3)桃园的生态条件 桃园的生态条件,如温度、光照、降水、土壤、地形、经纬度和海拔高度等,对果实的生长发育和贮藏性都有影响。光照不足,果实生长不充实,采后耐贮性下降。土壤水分缺乏时,果实的正常生长发育受阻,表现为个体小,着色不良,品质不佳,成熟期提前。降水不均衡,裂果严重。黏质土壤上桃树生产的果实,往往有成熟期推迟、着色较差的倾向。但是果实较硬,尚具有一定的耐贮性。在疏松的砂质轻壤土上桃树生产的果实,具有早熟的倾向,贮藏中易发生低温伤害,耐贮性较差。

(4)栽培措施 桃树栽培管理技术,如施肥、灌溉、病虫害防治、整形修剪和疏花疏果等的技术,对果实的生长发育、质量状况及贮藏性有显著的影响。采取适当的技术措施,所生产的桃果才会达到高产、优质和耐贮藏的目的。

2. 贮藏环境因素 贮藏环境的温度、湿度以及气体成分(氧气、二氧化碳和乙烯)浓度,是影响桃果贮藏的重要因素,亦即人们通常所说的影响贮藏的三要素:温度、湿度和气体条件。

(1)温 度 温度是桃果贮藏的基础条件。温度对水果贮藏的影响,表现在对呼吸、蒸腾、成熟衰老等多种生理作用及抑制微生物的生长繁殖等方面。在一定温度范围内,随着温度的下降,桃果各种生理代谢强度降低,寿命延长。随着环境温度的下降,各种微生物生长繁殖减慢,桃果腐烂减轻。因此,低温是桃果贮藏和运输中普遍采用的技术措施。果实适宜贮藏的温度,是使水果的生理活性降低到最低限度,而又不会导致失调的温度水平。另外,贮藏温度的稳定也很重要。冷库温度的波动一般不要超过1℃。贮藏温度以在0℃~1℃合适。

(2)湿 度 湿度对于桃果贮藏的影响,主要与桃果失重与病害有关。湿度过低，桃果失水皱缩；湿度过大，温度高时，桃果极易腐烂。在低温库贮藏时，较适合的空气相对湿度一般为 90%～95%。

(3)氧气和二氧化碳的含量　在许多水果的贮藏中，通过降低氧气含量和增高二氧化碳浓度，不但能有效地抑制水果的呼吸作用，延缓成熟衰老，而且对病原微生物的侵染危害，也有一定的抑制效果，可以获得比单纯降温和调湿更佳的贮藏保鲜效果。对于桃果来说，将氧气和二氧化碳浓度，以分别控制在 1%～2% 和 3%～5%较为适合。

(4)乙烯浓度　乙烯是促进果实成熟的植物激素类物质。果实成熟过程中色、香、味的形成和硬度的下降等情况，均与乙烯有着重要关系。随着果实的成熟，果实内部产生乙烯并释放出来，乙烯反过来增强果实的呼吸作用，促进水果成熟、衰老。控制果实乙烯的生成，对水果贮藏尤其是呼吸跃变型水果的贮藏非常重要。可以说，果品贮藏的核心措施之一，是控制果实乙烯的释放和降低贮藏环境中的乙烯浓度。这也是现代气调贮藏的理论基础。

二、操作技能

(一)桃果采收期的确定

1. 果实成熟度　桃果的风味和色泽等，只有在它发育到一定的程度后，才能充分表现出来。因此，采收过早，桃果品质差，产量低。但是，采收过晚，桃果硬度下降，风味差，落果多，不耐贮运。因此，应根据品种特性、果实用途、销售市场的远近等情况，分 2～3 次及时采收。目前，生产上一般将桃果成熟度分为以下五种：

(1)六成熟　只是果顶着色，或缝合线及两侧着色，或阳面刚刚着色，果面绒毛多，为绿色，果形瘦长，果肉硬而薄，风味很淡，不宜采摘。

(2)七成熟　果实底色即将由绿色转为白(淡)绿色,果实已充分发育,果面基本无坑洼而平展,但绒毛较多。

(3)八成熟　果面绿色已减退成淡绿色(发白),绒毛减少,着色艳丽,果肉丰满,稍硬,果实风味已经基本表现出来。

(4)九成熟　果实已表现出品种特性,如橙黄色,乳白色,白色,绒毛短而稀少,果面已充分着色。果肉弹性大,有芳香,已经表现出品种特有的风味。

(5)十成熟　十分成熟的桃子,果皮已完全显示其特有的皮色,白肉品种果实底色呈乳白色,黄肉品种果实呈金黄色,绒毛易脱落。果肉因桃的类型而有多种表现,肉溶质品种果肉柔软多汁,果皮可剥离,不耐运输,硬肉桃变绵。肉不溶质桃仍富有弹性,芳香味浓郁,是鲜食品种最佳的成熟程度。

2. 成熟度的判断　除按以上标准判断桃果的成熟度外,还可以根据以下方法来判断:

(1)根据果实生长发育期　栽种在同一地区的桃树,其果实从生长到成熟都有一定的天数。对于特定的桃果,可以用计算从盛花(或落花)到成熟所经天数的方法,确定成熟度和采收日期。由于各年气候和栽培管理以及土壤、耕作等条件不同,所造成的成熟度差异较大,所以根据生长期判断果实的采收期,往往还要和其他方法结合使用,这样才比较可靠。

(2)根据外观色泽与形态　在桃果成熟过程中,其外观色泽、形态的变化,是判断其成熟度的重要标志之一。一般果实生长中首先在果皮上积累叶绿素,随着果实成熟度的提高,叶绿素逐渐分解,表现出绿色消退,逐渐呈现出该果实特有的色泽。

(3)根据果实形状与大小　不同种类的桃果有其特定的形状和大小。因每年的肥水管理、修剪措施、留果数量等不同而有差异。因此,应同时参考其他指标,对桃果的成熟度加以判断。

(4)根据果实硬度　当果实成熟时,由于果胶物质的变化,果实细胞间层溶解而变软,未成熟果实的果肉坚硬,而成熟的果实蓬松质软。因此,可以根据果实的硬度判断果实的成熟度。

(5)根据可溶性固形物(糖与酸)含量　随着果实的成熟,果实中的可溶性固形物和糖含量上升,而酸度逐渐下降。据此可以判断果实的成熟度。

除上述方法和指标外,还可以根据其他情况来判断,如果实发育有效积温、果实乙烯释放量和呼吸强度变化等。需要注意的是,由于生态、地理和栽培条件等的不同,单独一项指标很难做出科学的判断,在生产实践中往往需要用多个指标进行综合考虑。不同水果采用的成熟度判断标准有所不同。

3. 桃果采收期　就地销售的鲜食桃果,宜在八至九成熟采收。桃果远距离运输及外销鲜食品种,宜在七至八成熟采收。制罐加工硬肉桃果,宜在八至九成熟采收,软肉桃果宜在七至八成熟采收。十成熟的桃,不能远销,只能就近销售。

(二)桃果的采收方法

采收桃果应在晴天早上或傍晚进行。采摘时,要轻采轻放,不能用手压桃面,不能强拉果实,而应带果柄采摘。对树上的桃果要依其成熟先后,分期分批采收。盛放桃果的容器不能太大,一般每个容器放 5～10 千克即可,而且要内衬垫物,注意通气。采收后装箱的桃果,应尽快销售或进行贮藏前处理。

同一片桃园中的同一个品种,一株树上的果实与另一株树上果实的成熟状况,往往相差很多。即便是同一株树,果实在树体上所处的位置不同(树冠上部和下部,树冠外围与内膛),其成熟期也有很大的差异。为了提高果品的商品价值,保证生产高质量的果品,就要求每一个果实都应在适收期采收。因此,从商业的角度来看,同一果园里的同一个品种,应分批多次采收,两次采收之间的间隔为 2～3 天。从某种角度上来讲，增加采收次数，可以提高每次采收时的果品质量。但是，增加采收次数也增加了采收用工，从而提高了产品的成本。因此，根据品种的不同，一般以分 3～5 次采收为好。通常早熟品种或在气候冷凉地区栽培时，果实成熟持续的时期要长一些，因此果实采收的次数应多一些。

（三）桃果的采后处理

为提高果品的商业价值，果品从果园采摘后到进入市场之前，需要经过一系列的处理。通常包括桃果在内的水果的处理顺序如下：采收、分级、贮运前处理、包装、贮藏运输、鲜果销售前的处理（或加工处理）和销售。

1. 分　级　桃果在生长过程中，受诸多因素的影响，其商品属性诸如大小、形状、色泽和成熟度等差异较大，即使同一植株上的果实，商品属性也不可能完全相同。所以，必须对采收的果实，按一定的标准进行分级，使其商品标准化，以利于果品的商品化处理。同时，通过分级，实现优劣分置，从而有效地防止病虫和有害物的传播与扩展。

（1）分级的常用方法

①手选：这是国内目前普遍采用的方法，即根据人的视觉判断，将产品分成若干等级。手工分级能减轻伤害，适用于各种果品，但工作效率低，级别标准易受人心理因素的影响。

②机械分级：采用机械分级，不仅可消除人为的心理因素的影响，更重要的是能显著提高工作效率。美国、日本等国家除对容易受伤的果实和大部分蔬菜采用手工分级外，其余果蔬一般采用机械分级。各种选果机械大都是根据果实直径大小进行形状选果，或是根据果实的不同重量进行的重量选果而设计制造的。近年来，随着无损检测技术的发展，国外发达国家的果实分级已从单纯的外观分级发展到外观加内在品质的分级。如日本在桃果分级

时，除对果实的大小、色泽分级外，还根据可溶性固形物含量的高低进行分级。在包装箱上明确标注本箱果实的含糖量。

(2)分级的标准　严格的果实分级，可以保证果实高价格地销售，从而实现桃树的高效益栽培。我国尚无统一的分级标准，下面介绍西欧主要国家的桃果分级标准，供生产者在果实分级中参考使用。依内在和外在的品质，桃果可以分为三大类：

①特级果：这一类桃果的内在品质特别优良，外观形状、果实色泽等均具有该品种的应有特征。果实不能具有任何的缺陷，果面也不能有任何机械损伤。

②一级果：果实的内在品质优良，除果实外观形状和果实色泽可允许有轻微的缺陷外，其他的性状应具有该品种的固有特征，果面也不能有任何的机械损伤，果面的任何缺陷都不应大于 0.5 平方厘米。

③二级果：不能进入上述等级的果实，但至少符合下述的要求：果柄处仅有轻微的裂口，果形的变形程度不应超过正常情况的 2 厘米，果表的任何缺陷不应大于 1. 5 平方厘米。

对上述的每一类果实，还必须根据其果实大小进行再分级，然后才可进入市场。果实的大小可依据果实的直径或周长而定。

2. 包装及标志　为了保护桃果在销售前不受损伤，便于贮藏和运输过程中的管理操作，同时使产品具有较准确的重量、数量和容积，必须对产品进行包装加工。经过包装的产品，其外形更加美观，因而提高了商品价值。

(1)包装的容器及形式

①小包装：果品的小包装，通常是为满足产品的某一特殊要求而进行的包装，如防止水分的过度蒸发或霉菌的传播等。主要采用的包装材料为塑料薄膜，如聚乙烯、无毒聚氯乙烯、聚丙烯和聚苯乙烯薄膜等。对于这些材料的性能要求是：对产品有良好的可见度；对水蒸气和二氧化碳气体有一定限度的渗透性，使袋内产品

不至水分损失过多，也不至因水蒸气过多而损坏产品；有一定的抗拉强度；无毒、无副作用。

主要的小包装方法，有塑料袋包装、收缩膜包装、伸展膜包装三种。

塑料袋包装：选用一定厚度的塑料薄膜袋，在装入一定数量的产品后，对塑料袋口加热封合。这种小包装的产品需要放入包装箱中或在货架上存放。

收缩膜包装：多种塑料薄膜具有热胀冷缩的特性。选用这一特性较好的薄膜，用其将装好果实的果盘在热风道中包裹牢固，果盘移出后，由于温度的下降，使薄膜产生收缩效果，从而达到固定产品和包装产品的双重效果。

伸展膜包装：有的薄膜在常温下具有延伸特性。利用这种薄膜，在器具的作用下使之具有一定的张力后将装好产品的果盘盖住，并被热封边口。由于薄膜存在的张力，所以也能产生收缩薄膜的效果，将产品包装并固定在果盘中，同时隔离外界空气。

②包装箱：由于小包装所能承受的重量及抵抗外界破坏强度的局限，带来管理不便。因此需用包装箱来存放小包装的产品，以便搬运和贮藏。有时，一些产品不必经过小包装就可以直接存放在包装箱中贮运。

常规的包装箱是由木板、瓦楞纸板、纤维板或几种材料综合制成。现行的包装箱也有采用各种塑料制成的。各种材料的包装箱，从结构上必须保证能够承受一定的重压，并有良好的通风效果、容易码垛和进行人工或机械搬运。另外，包装箱必须能适应潮湿的环境。因为吸潮现象会使某些材料的抗压能力减弱。并且，常用的木板和纸板的吸水率可在10%左右，过分地吸潮会使空气含水量减少，导致产品水分损失过多。

由于产品的装卸、搬运工作更多地由机械来进行，因此包装箱应进行相应的标准化工作。部分欧洲国家标准化的包装箱，其底部尺寸规定为60厘米×40厘米,50厘米×30厘米,40厘米×30厘米。包装箱装货后的总重量一般为20千克。

(2)包装材料　在水果包装中,为了增强保护功能,减少损伤,往往需要在容器内加用衬垫物,或填充物,或包裹物之类的包装材料。

①衬垫物:使用筐类容器包装时,应先在容器内铺设衬垫物,以免桃果直接与容器接触摩擦造成损伤。同时还有防寒、保湿和保持清洁的作用。常用的衬垫物有蒲包、茅草、纸张和塑料薄膜等。

②填充物:在运输和装卸过程中,由于振动,包装容器中的果品都会出现下沉现象。为了尽可能避免果品容器内的振动摩擦和下沉现象的出现,包装时应在容器内商品的空隙间填加一些软质材料。常用的有稻壳、锯屑、刨花、干草和纸条等。当然,更重要的是装果品时尽可能地装实,下沉现象就可以得到改善,而且还可以加强包装容器的强度。

③包纸:桃果包纸,在我国有悠久历史。包纸可以抑制果品内水分的蒸腾损失,减少失重和萎蔫程度。由于纸张的隔离作用,可减少霉烂和病害水果的感染,延长贮藏运输期。包纸能减少果品在容器内的振动和相互挤压碰撞,可以减少损伤。干燥的纸张具有一定的绝缘作用,能使果品保持较为稳定的温度。可见,包纸的好处很多,虽然多费一些手工和纸张,但在经济上还是合算的。包果用纸,要求质地柔软,干净,光滑,无异味和有韧性。常用的有皮纸、毛边纸和油光纸等。用经过矿物油或二苯胺等药剂浸渍处理的纸包裹桃果,有预防病害的作用。需要指出的是,出于食品卫生的考虑,废旧书报不能用于桃果的包装。

(3)包装的方法　对于大多数桃果而言,理想的包装应该是容器装满但不隆起。这样承受堆垛负荷的是包装容器而不是产品本身。在发达国家,水果一般都采用定位放置法或制模放置法,即将果实按横径大小分几个等级，逐果放在固定的位置上，使每个包装能有最紧的排列和最大的净重量，包装的容量是按果实个数计量。定位包装法，是使用一种带有凹坑的特殊压垫，凹坑大小根据果实的大小设计，这样使一个果实占据一个凹坑，一层放满后在上层再放一个带凹坑的抗压垫，使果实逐个分层隔开。这种做法完全类似目前鸡蛋的包装，从而可有效减少果实损伤，但包装速度慢，费用高，只适用于一些价高果品的包装。目前，采用比较多的方法是散装法，将果品轻轻放入容器中，然后轻轻地摇动，使产品相互靠拢，使容器中尽可能有最小的孔隙度。这种包装的容量是按标准重量计量。

（四）桃果的运输保鲜

1. 贮运前的处理及运输设备　桃果贮运前要预冷，具体采用何种方法进行预冷，要根据品种的特性及市场要求而定。

预冷是指桃果在贮藏或者运输之前，迅速将温度降低到规定温度的措施。必须在收获后 24 小时之内达到降温要求，而且降温速度愈快效果愈好。预冷方式有多种，如冷空气、冷水及抽真空等都可以加速产品冷却。各种方式都有其优缺点。其中以空气冷却最为通用。预冷时应根据桃果种类、数量和包装状况，来决定采用最适宜的预冷方式和设施。

桃果在从冷藏库取出后，在送往销售网点的过程中，有时需经历好几昼夜。因此，采取有效的贮藏运输措施很有必要。常见的公路运输设备，有保温车、冰冷藏库、蓄冷极式冷藏车和机械制冷式冷藏车；铁路运输设备有冰冷藏车厢、冷藏集装箱和机械制冷车厢；空运采用专用的冷藏柜，在飞行中由冷藏柜向果品供冷。海运采用冷藏货船和冷藏集装箱。

2. 桃果运输应遵循的原则

第一，运输必须根据产品的类别、特点、包装要求、贮藏要求、运输距离及季节不同等采用不同的运输设备。

第二，在装运过程中，所用工具必须清洁卫生，不能对无公害桃果造成污染。

第三，禁止将桃果和农药、化肥及其他化学制品等一起装运。

第四，在运输过程中，无公害桃果不能与非无公害桃果混堆共运。

中晚熟品种的桃果，可进行长途运输，尽管运输时间较贮藏要短，但是也应维持较低的运输温度。适宜的温度是1℃～2℃，最好不要超过12℃～13℃。运输前一定要先预冷，再装车。果实用塑料袋包装，自发气调效果也好。

（五）桃果的贮存保鲜

贮存保鲜，是食品流通的重要环节，也是桃果运销的重要环节。只有保证桃果在贮运过程中的安全、无污染、无损害，才能保证无公害桃果的质量。

1. 贮藏应遵循的原则

第一，贮藏环境必须洁净卫生，不能对无公害食品产品引入污染。

第二，选择的贮藏方法不能使无公害食品的品质发生变化。

第三，贮藏中，无公害食品不能与非无公害食品混堆贮存。

2. 常用贮藏方式

（1）低温贮藏　低温贮藏是指在低于15℃以下环境中贮藏食品的方法。由于低温贮藏能延缓微生物的繁殖活动，抑制酶的活性和减弱食品的理化变化，因而在贮藏期间能够较好地保持食品原有的新鲜度和营养价值。

（2）气调贮藏　气调贮藏是一种通过调节和控制环境气体成分的贮藏方法。其基本原理是，在适宜的低温下，改变贮藏库或包装中正常空气的组成，降低氧气浓度，增加二氧化碳的含量，以减弱鲜活食品的呼吸强度，抑制微生物的生长繁殖和食品中化学成分的变化，从而达到延长贮藏期和提高贮藏效果的目的。

(3)辐射贮藏　利用射线辐照食品，能够灭菌和杀虫，并抑制鲜活食品的生命活动，达到防霉、防腐与延长食品贮藏寿命的目的。

(4)化学贮藏　是指在生产和贮藏过程中，添加某种对人体无害的化学物质，增强食品的贮藏性能和保持食品品质的方法。根据贮藏原理的不同，化学物质可分为防腐剂、杀菌剂和抗氧化剂。

3. 桃果的常用贮运保鲜方法

(1)预　冷　桃果采收后要尽快将其预冷到 4℃以下。所采用的预冷方法有冷风冷却和水冷却两种。水冷却速度快。直径为 7.6 厘米的桃在 1.6℃水中 30 分钟，可将其温度从 32℃降到 4℃；直径为 5.1 厘米的桃在 1.6℃水中 15 分钟，可冷却到同样的温度。但桃果经水冷却后，要晾干后才能包装。风冷却速度较慢，一般需要 8～12 小时或更长的时间。

(2)包　装　桃果在贮运过程中，很容易受机械损伤，特别成熟后的桃果柔软多汁，不耐压。因此，包装容器不得过大，一般以装5～10 千克为宜。将选好的无病虫害、无机械伤、成熟度一致、大小均匀的桃果，放入瓦楞纸箱中，箱内加纸隔板或塑料托盘。若用木箱或竹筐装，箱内要衬包装纸，每个果要用软纸进行单果包装，以避免果实被摩擦挤伤。

(3)冷　藏　桃果在低温贮藏中易遭受冷害，在－1℃温度下就有受冻的危险。因此，桃果的贮藏适温为 0℃，适宜相对湿度为 90%～95%。在这种贮藏条件下，桃果可以贮藏 3～4 周或更长时间。然而桃果在低温下长期贮藏，风味会逐渐变淡，不适低温下冷藏还会使桃果产生冷害，使果肉褐变，特别是桃移到高温环境中后熟时，果肉会变干、发绵、变软，果核周围的果肉明显褐变，冷害严重时，桃的果皮色泽暗淡无光。在冷库内采用塑料薄膜小包装，可延长贮期。

(4)气调贮藏　桃在0℃和2%氧气+5%二氧化碳气条件下，可贮藏6～8周或更长时间，并能减轻低温伤害。如果在气调帐或气调袋中，加入浸过饱和高锰酸钾溶液的砖块或砩石吸收乙烯，则效果更佳。

低温结合简易气调和防腐措施，也可提高桃果的耐贮性。将八九分成熟的桃果，采后对单果包纸，然后装入内衬无毒聚氯乙烯薄膜袋，或聚乙烯薄膜袋的纸箱或竹筐内，或不包纸直接装入上述袋中，立即进行预冷。果实降温后，在袋内加入一定量的仲丁胺熏蒸剂、乙烯吸收剂及二氧化碳脱除剂，将袋口扎紧，封箱码垛，并使库温保持为0℃～2℃。这样，大久保、白凤桃贮藏50～60天后，好果率在95%以上，基本保持原有的硬度和风味；深州水蜜桃、绿化9号、北京14号桃品种的果实，贮藏效果次之；岗山白桃耐贮性最差。

思考题

1. 桃果为什么要适时采收？
2. 判断桃果成熟度的方法有哪些？
3. 桃果的常用贮藏技术有哪些？

附录一 桃园常用农药的性能及使用

目前,桃园常用农药主要包括植物源农药、微生物源农药、动物源农药和农用抗生素制剂等。

一、植物源农药

植物源农药是利用具有生物活性植物的特定部位,经加工后取其有效成分而做成制剂应用的农药。

1. 鱼 藤

①性能与特点 鱼藤属豆科多年生藤本植物,杀虫有效成分主要存在于根部。鱼藤的杀虫主要成分是鱼藤酮,纯品为无色无臭六棱状结晶。不溶于水,稍溶于甲醇、乙醇、四氯化碳和乙醚,易溶于氯仿、丙酮和苯等有机溶剂。易受阳光、空气、高温的影响分解失去毒力。遇碱性物质很快失效。在干燥情况下比较稳定。鱼藤酮对人、畜毒性中等,对鱼、猪高毒。本剂对害虫的作用方式,主要是胃毒和触杀。杀虫机理是影响害虫的呼吸、抑制谷氨酸脱氢酶的活性,使害虫死亡。

②剂 型 4%鱼藤粉剂,5%和7.5%鱼藤乳油(鱼藤精)。

③防治对象和使用方法 鱼藤粉:用鱼藤粉和中性肥皂各1千克,水300～500升。先将肥皂切片后用少量热水溶化成肥皂液,把鱼藤粉装在布袋中,在冷肥皂液中慢慢揉搓,然后加足水量,搅匀喷雾,可防治梨二叉蚜、桃蚜等多种蚜虫。

④注意事项 鱼藤对人、畜有一定毒性,应严格保管,谨防误食;制剂应贮存在阴凉、黑暗处,以免分解;鱼藤不能与石硫合剂或波尔多液等碱性农药混用;不可用热水浸泡鱼藤粉。配制好的药

液应随即施用,不得久放。

2. 除虫菊

①性能与特点　除虫菊属菊科,是一种多年生宿根性草本植物。除虫菊的杀虫有效成分是除虫菊素(主要存在于花中)。对害虫的作用方式主要是触杀,击倒力强,残效期短,对人、畜毒性低,对植物无药害。多用于防治表皮柔嫩的害虫。对蛹和蜡质较厚的害虫几乎无效。

②剂　型　除虫菊粉或3%除虫菊乳油。

③防治对象和使用方法　除虫菊粉:用除虫菊粉1千克,中性肥皂0.6～0.8千克,水400～600升,先用少量热水把肥皂溶化后,加入除虫菊粉,然后加足水量,搅拌均匀后喷雾,可防治多种蚜虫、叶甲和椿象等害虫。除虫菊乳油:一般用3%除虫菊乳油50～80倍液喷雾,多用于防治温室蚜虫、叶蝉等害虫。

④注意事项　除虫菊不能与石硫合剂、波尔多液、松脂合剂等碱性农药混用;商品制剂需在密闭容器中保存,避免高温、潮湿和阳光直射。除虫菊是强力触杀性药剂,无胃毒作用,因而施药时药剂一定要接触虫体才有效,否则效果不好。

3. 苦参碱

①性能与特点　苦参碱是由药用植物苦参的根、茎、叶、果实经乙醇等有机溶剂提取制成的,其成分是苦参碱、氧化苦参碱等多种生物碱,纯品为白色粉末。本药剂属植物神经毒剂,害虫接触药剂后可使神经麻痹,蛋白质凝固堵塞气孔窒息而死。本药对人、畜低毒,具触杀和胃毒作用,属广谱性植物杀虫剂。

②剂　型　0.2%和0.3%水剂,1%溶液,1.1%粉剂。

③防治对象和使用方法　在果树上主要用0.2%或0.3%水剂200～300倍液防治山楂叶螨、绣线菊蚜等。

④注意事项　本品无内吸性,喷药时注意喷洒均匀周到,不能与碱性农药混用。

4. 烟碱(硫酸烟碱)

①性能与特点　烟草属茄科1年生草本植物，其杀虫成分主要是烟碱(尼古丁)。其溶液或蒸气可渗入害虫体内，使其迅速麻痹，神经中毒而死亡。主要是触杀作用，也有一定的熏蒸和胃毒作用，对将要孵化的卵有较强的杀伤力。该药剂杀虫范围广，药效快，对植物安全，但残效期短。

②剂　型　40%硫酸烟碱水剂。

③防治对象和使用方法　40%硫酸烟碱800～1 000倍液，可防治桃树蚜虫、叶螨、卷叶虫、食心虫和潜叶蛾等。在药液中加入0.2%～0.3%的中性肥皂，可提高药效。

④注意事项　除不能与石硫合剂、波尔多液等碱性农药混用外，可与多种农药混用。烟碱对人、畜毒性高，配制和使用时要注意防护。

5. 茶籽饼

①性能与特点　油茶和茶的种子榨油后的饼，含皂角素和生物碱13%～14%，其浸出液有很强的展着力和乳化性能，微碱性。主要具有触杀作用，兼有胃毒作用。

②防治对象和使用方法　将碾成粉末的茶籽饼4～5千克加适量细土搅匀，撒在有露水的幼树和苗木上，可防治桃树上的蚜虫和蜗牛。

6. 茼蒿素

①性能与特点　本品是以茼蒿植物为主要原料，以中药材为增效剂和其他辅料配制而成，并加有稳定剂。其主要成分为山道年及百部碱。主要杀虫作用为胃毒作用，有速效性和持效性。属低毒杀虫剂。对人、畜无毒，无慢性毒性问题。产品中不含致癌物质。

②剂　型　0.65%茼蒿素杀虫剂。外观为茶褐色液体，遇热、光和碱易分解，有效期为1.5年。

③防治对象和使用方法　主要用于防治尺蠖和蚜虫等害虫。

④注意事项　本剂不能和碱性农药混用，药液应现配现用。原药应保存于干燥、避光、通风的库房内。

7. 苦楝油乳剂

①性能与特点　在楝科植物中，带苦味的三萜类衍生物是很多昆虫的拒食剂，目前应用最广、研究最多的是印楝素、苦楝素、川楝素、苦楝油和苦楝油苦味质。楝素、楝油、苦味质等对害虫有忌避、拒食和抑制生长、触杀以及胃毒作用。楝油等物质对人、畜安全，在果品中无残留，不污染环境，为丰富的再生资源。

②剂　型　100%苦楝油原油(淡棕褐色)，37%苦楝油。

③防治对象和使用方法　苦楝油原油乳剂：防治果树矢尖盾蚧、红蜡蚧等蚧虫一二龄幼蚧，同时可兼治害螨和粉虱，且对天敌的影响小。用37%苦楝油乳剂75倍液，在生长季喷施，可有效防治山楂叶螨。

8. 棉油皂和棉油泥皂

①性能与特点　棉油皂是用粗棉籽油加烧碱(氢氧化钠)熬制的肥皂状物。棉油泥皂是用精制棉籽油的沉淀物加烧碱熬制成的皂状物。棉油皂和棉油泥皂呈黑褐色，在水中溶化成乳状液，呈强碱性，长期存放后颜色变淡，但对药效无影响。对害虫的作用方式主要是触杀。

②防治对象和使用方法　棉油皂：粗棉籽油100千克，33波美度的烧碱水50千克，水30升。先将棉籽油和水放在锅里加热至70℃左右，慢慢加入碱水，边加边搅拌，温度仍保持在70℃左右，不得超过80℃。加完碱水后继续搅拌1小时左右，直熬到黏稠时停止加热，再继续搅拌半小时左右，冷却后即成棉油皂固体，切成块备用。棉油泥皂：用棉籽油沉淀物100千克，33波美度烧碱水23千克，水5～8升，熬制方法与熬制棉油皂相同。使用时，将棉油皂或棉油泥皂切成薄片，用少量热水溶化后，再加定量水稀

释喷雾。棉油皂用 80 倍液，棉油泥皂用 50 倍液，在桃树休眠期发芽前施药。可防治各种蚜虫、介壳虫和害螨。

③注意事项 由于该药剂是触杀剂，喷雾时务必喷到虫体上，否则无效；稀释药液时不能用硬水，宜用河水或田水。如稀释表面有浮油或下面有残渣，应予除去，以免产生药害；在柑橘等果树的花期和幼果期不能喷布，在同一果园不宜多次施用，以免出现药害。

9. 银杏树叶及外种皮提取液 银杏叶和外种皮液，含有多种活性物质，可用其提取液防治蚜虫、红蜘蛛、介壳虫、金龟子、白粉虱、菜青虫、稻螟虫及地下害虫，如蝼蛄、蛴螬与地老虎等。

提取方法及使用：①取鲜银杏叶 1 升捣烂加水 1 千克，浸泡 2 小时，取原液 1 千克加水 4 升，防治棉蚜、白粉虱，效果达 85%。②将鲜银杏外种皮捣烂，每千克加水 3 升，浸泡 24 小时，过滤后再加水 2 升，浸泡 4 小时，两次共得原液 4 千克，每千克原液加水 5 升。防治介壳虫效果达 85%；防治蚜虫和菜青虫，效果达 100%。③将晒干的银杏叶与外种皮，加 8 倍水文火煮 2 小时，取滤液。防治蚜虫效果达 70%，防治斜纹夜蛾效果达 90%。④将不具商品价值的劣质银杏种子捣烂，加等量的水，浸泡 2 小时，过滤得原液，每千克原液加水 2 升，防治稻螟虫和棉蚜效果达 100%。⑤将银杏叶与外种皮捣烂，加 5 倍水，文火煮 1 小时，冷却过滤，取原液 1 千克，加水 1 升，可防治炭疽病、梨黑星病和桃褐腐病。

二、微生物源农药

1. BT 乳剂(苏芸金杆菌)

①性能与特点 BT 是一种细菌性杀虫剂，它能产生内、外两种毒素，主要是胃毒作用，害虫吞食后进入消化道产生败血症而死亡，具有对人、畜安全无毒，对作物无药害，不杀伤天敌等优点。我

国生产的BT乳剂中，大多加入0.1%～0.2%的拟除虫菊酯类杀虫剂，可加快害虫死亡速度，并能增强防效。

②剂　型　乳剂(含活芽孢100亿个/升)、可湿性粉剂(含活芽孢100亿个/克)。

③防治对象和使用方法　可用来防治桃树上的刺蛾、尺蠖、毒蛾、天幕毛虫等多种鳞翅目害虫。在低龄幼虫期使用，治虫效果较好，使用浓度为500～1 000倍液均匀喷雾。

④注意事项　BT乳剂或可湿性粉剂杀虫速度较慢，用药时间应比化学农药提前2～3天，不能和内吸性杀虫剂或杀菌剂混用，但可和低浓度菊酯类农药混用，可提高防效。在菌液中加入0.1%洗衣粉，能增强其粘着力。本药对蚜虫、螨类等刺吸式口器害虫无效。药液要现配现用，以免失效。对蚕的毒力较强，周围有桑园、柞树的桃园要慎用。

2. 白僵菌

①性能与特点　白僵菌是一种真菌性杀虫剂，其孢子接触害虫后产生芽管，通过皮肤侵入其体内长成菌丝，并不断繁殖，使害虫新陈代谢紊乱而死亡。白僵菌需要有适宜的温、湿度，即温度为24℃～28℃，相对湿度为90%左右，土壤含水量在5%以上，才能使害虫致病。该制剂对人、畜无毒，对果树安全，但对蚕有害。害虫感染白僵菌死亡的速度缓慢，一般需经4～6天后才死亡。白僵菌与低剂量化学农药，如25%对硫磷微胶囊、48%乐斯本等混用，有明显的增效作用。

②剂　型　粉剂(普通粉剂含100亿个孢子/克、高孢粉含1 000亿个孢子/克)。

③防治对象和使用方法　主要防治桃蛀果蛾、刺蛾、卷叶蛾和天牛等害虫。例如防治桃蛀果蛾，可于越冬代幼虫出土始盛期和盛期，每667平方米用白僵菌菌剂(每克含100亿个孢子)2千克，加48%乐斯本乳油0.15千克，对水75升，在树盘周围地面喷洒，

喷后覆草，桃蛀果蛾幼虫僵死率达 85.6%，并能有效地压低下代虫源。

④注意事项　菌剂应在阴凉干燥处贮存，以免受潮失效。使用时要现配现用，可加入少量洗衣粉或杀虫剂，以提高药效，但不能和杀菌剂混用。在养蚕区周围的桃园不宜使用。

3. 青虫菌

①性能与特点　本品是一种细菌杀虫剂，为苏芸金杆菌群的一种。目前生产的青虫菌 6 号悬浮剂，多混入 0.1%的氯氰菊酯，外观色泽为棕褐色。本品对人、畜毒性很低，对昆虫天敌基本上是安全的，对作物无药害，对蚕有毒害。

②剂　型　青虫菌 6 号悬浮剂。

③防治对象和使用方法　青虫菌用于防治凤蝶、尺蠖、卷叶蛾、潜叶蛾和袋蛾等鳞翅目害虫和叶螨与瘿螨。用该药剂防治食心虫，可以避免广谱性化学农药对果园天敌的伤害，并克服化学农药大量使用后引起次生害虫猖獗、环境污染和果品残毒等弊病。防治潜叶蛾时，于夏、秋梢芽长 5 毫米，抽梢率达 20%左右时，对新梢和树冠外围喷布青虫菌 6 号液剂 100 亿个/克的 1 000 倍液，7～10天喷一次，连续喷两次。

④注意事项　该菌剂久贮后有沉淀现象，使用时要充分摇匀药液。喷洒时力求均匀周到；不能与杀菌剂混用。该药对蚕有毒害，在养蚕区不要使用。本剂在气温 20℃以上、湿度较大时施用，效果好而快，气温低时最好不要施用。

4. 杀螟杆菌

①性能与特点　杀螟杆菌是一种细菌性杀菌剂。产品因采用原料和生产方法的不同，有的为灰白色粉末，有的为浅黄色粉末，有鱼腥气味。对人、畜无毒，对作物无药害，对害虫天敌也安全，对蚕有毒害。杀螟杆菌对鳞翅目多种害虫有较强的致病力。在干燥条件下保存菌粉，数年后其芽孢和伴孢晶体不丧失毒力。对害虫

的作用方式与 BT 乳剂、青虫菌 6 号的作用方式相同。

②剂　型　杀螟杆菌粉剂(含活孢子 100 亿个/克以上,外观灰白色或浅黄色)。

③防治对象和使用方法　该药剂可防治果、菜、稻的鳞翅目多种害虫幼虫。防治尺蠖类、刺蛾类、卷叶蛾类、蓑蛾类和天社蛾类等害虫时,在幼虫期喷布杀螟杆菌(含芽孢 100 亿个/克)1 000 倍液,杀虫保叶效果好。菌粉加水稀释时,加入 0.1%湿润剂如洗衣粉等,可增加菌粉的湿润性,使稀释液中孢子分布均匀。本品与杀虫剂,如 90%敌百虫 5 000 倍液、50%敌敌畏乳油 4 000 倍液混用,有明显的增效和加速杀虫的作用。

④注意事项　菌粉容易吸湿结块,应贮放在阴凉、干燥处,避免受潮。不能与杀菌剂混用。养蚕场附近桃园,不要使用该杀菌剂,以避免对蚕的毒害。应在气温 20℃以上时施用,低于 20℃时施用效果较差。

5. EB-82 灭蚜菌

①性能与特点　EB-82 灭蚜菌系蚜虫病原真菌毒力虫霉的发酵制剂。该制剂对蚜虫击倒快,且兼治叶螨,不伤害草蛉、瓢虫和芽茧蜂等天敌,同时,在温、湿度适宜时,也可导致蚜虫染病流行。EB-82 灭蚜菌的主要杀虫组分,是甾醇类化合物。是一种广谱性杀蚜虫生物农药。

②防治对象及使用方法　EB-82 灭蚜菌对小麦、棉花、桃、柑橘、花生和黄瓜等 21 种作物上的蚜虫均有良好的防治效果。

三、农用抗生素制剂

1. 多氧霉素

①性能与特点　多氧霉素又名宝丽安、多效霉素、保利霉素、科生霉素。它是金色链霉菌的代谢产物,主要组分为多氧霉素 A

和多氧霉素B。杀菌谱广，有良好的内吸传导性能，并有保护和治疗作用。主要干扰病菌的细胞内壁几丁质的合成，抑制病菌产生孢子和病斑扩大，菌丝体不能正常生长发育而死亡。低毒，无残留，对环境不污染，对天敌和植物安全。

②剂　型　1.5%，2%，3%和10%可湿性粉剂。

③防治对象和使用方法　在病害发生初期和盛期，用10%多氧霉素可湿性粉剂1 000～1 500倍液喷雾，可防治苹果的斑点落叶病、霉心病，苹果和梨的灰斑病、轮纹病，梨的黑星病，葡萄和草莓的灰霉病等。喷药次数应根据病情而定，间隔期为10天左右，连喷2～3次，最好和波尔多液交替使用。

④注意事项　不能与酸、碱农药混用，全年用药次数不要超过三次，以免病菌产生抗性。

2. 农抗120(抗霉菌素)

①性能与特点　本品为吸水刺孢链霉菌北京变种的代谢产物。主要组分为核苷，它可直接阻碍病原菌蛋白质合成，导致病原菌死亡。对人、畜低毒，无残留，不污染环境，对作物和天敌安全，并有刺激植物生长的作用。

②剂　型　1%，2%，4%水剂。

③防治对象和使用方法　在病害发生初期，用2%农抗120水剂200倍液喷雾，主要防治苹果白粉病，桃和苹果的炭疽病，葡萄白粉病等。防治苹果树腐烂病，可于早春或晚秋在刮治后的病斑上用2%农抗120水剂30倍液涂抹两次，消毒杀菌，防效较好。

④注意事项　除碱性农药以外，可与其他杀虫剂、杀菌剂混用。

3. 井冈霉素

①性能与特点　井冈霉素是由吸水链霉菌井冈变种产生的水溶性抗生素(葡萄糖苷类化合物)，由A，B，C，D，E，F等6个组分组成，其主要组分为A和B。属高效、低毒杀菌剂，持效期长，耐

雨水冲刷，使用安全，无残留，对人、畜低毒，对鱼类、蜜蜂和天敌安全，不污染环境。该药剂内吸性很强，它虽不能直接杀死病菌，但可干扰和抑制菌体细胞的正常生长发育，从而起到治疗作用。

②剂　型　0.33％粉剂；3％，5％，10％水剂；2％，3％，4％，5％，10％，12％，15％，17％，20％可溶性粉剂；5％井冈霉素A可溶性粉剂。

③防治对象和使用方法　用5％井冈霉素可溶性粉剂，在发病初期喷雾，可防治苹果、梨轮纹病，在桃露芽期喷雾，可防治桃缩叶病。每667平方米用药量为100～150克，对水喷雾。

④注意事项　可与多种杀虫剂混用，亦可与非碱性杀菌剂混用。粉剂要在干燥处贮存。

4. 农用链霉素

①性能与特点　农用链霉素为放线菌所产生的代谢产物，杀菌谱广，特别是对细菌性病害效果较好，具有内吸作用，能渗透到植物体内，并传导到其他部位。对人、畜低毒，对鱼类及水生生物毒性亦很小。

②剂　型　10％可湿性粉剂。

③防治对象和使用方法　防治苹果和梨疫病可用10％链霉素可湿性粉剂500～1 000倍液，于病害发病初期喷雾或灌根。防治桃细菌性黑斑病，在展叶期、落花后和幼果期各喷一次10％链霉素可湿性粉剂1 500～2 000倍液。防治核果类果树细菌性穿孔病，在展叶后用500～1 000倍液，每隔10天喷一次，连喷2～3次。

④注意事项　不能与碱性农药混用，药剂应存于阴凉干燥处。

5. 中生菌素(农用抗生素-751)

①性能与特点　中生菌素是一种淡紫灰链霉素变种产生的碱性、水溶性N-糖苷类农用杀菌剂。它可抑制病原菌体蛋白质的合成，并能使丝状真菌发生畸形，抑制孢子萌发和杀死孢子。该药具

有广谱、高效、低毒和无污染等特点，对多种细菌及真菌病害具有较好的防治效果。

②剂　型　1%中生菌素水剂。

③防治对象和使用方法　用1%中生菌素200～300倍液喷雾，可防治苹果斑点落叶病、轮纹病，桃、苹果炭疽病等。1%中生菌素400～500倍液和80%喷克或80%大生M-45可湿性粉剂1 000倍液，或40%福星乳油10 000倍液混用，防治上述病害有明显的增效作用。

④注意事项　不能与碱性农药混用，防治叶部和果实病害时，要和波尔多液等药剂交替使用。药剂要现配现用，不要久存。

6. 阿维菌素　国际上的通用名称叫阿维菌素，我国叫齐螨素，商品名海正灭虫灵、7051杀虫素、爱福丁、阿巴丁、农哈哈、虫螨克和阿维虫清等。

①性能与特点　阿维菌素是一种杀虫、杀螨剂，属昆虫神经毒剂，主要干扰害虫神经生理活动，使其麻痹中毒而死亡。具触杀和胃毒作用，无内吸性，但有较强的渗透作用，并能在植物体内横向传导，杀虫(螨)活性高，比常用农药高5～50倍，用药量仅为常用农药的1%～2%。对胚胎未发育的初产卵无毒杀作用，但对胚胎已发育的后期卵有较强的杀卵活性。该药剂对抗药性害虫有较好的防效，与有机磷、拟除虫菊酯和氨基甲酸酯类农药无交互抗性，残效期在10天以上，具有高效、广谱、低毒、害虫不易产生抗性、对天敌较安全等特点。乳油外观为棕褐色液体。

②剂　型　1.8%乳油，1%乳油，0.6%乳油。

③防治对象和使用方法　可用来防治果树上的蚜虫、叶螨、潜叶蛾、食心虫和梨木虱等多种害虫。在害(螨)虫发生初期施药喷雾，用1.8%乳油，防治山楂叶螨、绣线菊蚜，用5 000～8 000倍液。防治二斑叶螨用4 000～6 000倍液，防治金纹细蛾用3 000～4 000倍液，防治梨木虱用4 000～5 000倍液，防治桃蛀果蛾用2 000～

4 000倍液，防治棉铃虫用1 000～2 000倍液。

④注意事项　该药剂无内吸性。喷药时应注意喷洒均匀，不能与碱性农药混用，夏季中午时间不要喷药，以避免强光、高温对药剂的不利影响。

7. 浏阳霉素

①性能与特点　浏阳霉素是杀螨剂，属高效低毒农药，对天敌较安全，不杀伤捕食螨，害螨不易对其产生抗性，杀螨谱较广，对叶螨、瘿螨都有效。本药具触杀作用，无内吸性，药液直接喷至螨体上药效较高，但害螨在干药膜上爬行几乎无效。对成、若螨及幼螨有高效，但不能杀死螨卵。

②剂　型　5%乳油，10%乳油。

③防治对象和使用方法　于各种叶螨的成螨、幼若螨集中发生期进行防治。以10%浏阳霉素乳油防治苹果全爪螨、山楂叶螨用1 000倍液，防治柑橘锈螨用1 000～1 500倍液，防治柑橘全爪螨用1 000～1 200倍液，其防效可达90%～95%。

④注意事项　该药剂主要是触杀作用，喷药时要均匀周到，使枝叶全面着药，效果才好。可与多种杀虫剂、杀菌剂混用，但与波尔多液等碱性农药混用时，要现配现用。

8. 华光霉素(日光霉素、尼柯霉素)

①性能与特点　华光霉素是一种兼有杀螨和杀真菌活性的抗生素农药，属高效、低毒、低残留农药，对植物无药害，对天敌安全。它是由唐德轮枝链霉菌S-9发酵产生的抗生素，能阻止葡萄糖胺的转化，干扰细胞壁几丁质的合成，抑制螨类和真菌的生长。

②剂　型　2.5%可湿性粉剂。

③防治对象和使用方法　在叶螨发生初期，用2.5%华光霉素400～600倍液喷雾，可防治山楂叶螨、苹果全爪螨或柑橘全爪螨。

④注意事项　该药剂杀螨作用较慢，在叶螨发生初期施药效

果才好。若螨的密度过高，效果不理想。无内吸性，喷药要均匀周到，药液要现配现用，一次用完，不能与碱性农药混用。要避免中午喷药。

四、动物源农药

1. 灭幼脲（灭幼脲3号）

①性能与特点　灭幼脲是一种昆虫生长调节剂，属特异性杀虫剂。害虫取食或接触药剂后，抑制表皮几丁质的合成，使幼虫不能正常蜕皮而死亡。主要具有胃毒作用，也有一定的触杀作用，但无内吸性。对鳞翅目和双翅目幼虫有特效，不杀成虫，但能使成虫不育，卵不能正常孵化。毒性低，对人、畜和植物安全，对天敌杀伤小，药效较慢，2～3天后才能显示杀虫作用。

②剂　型　25%和50%胶悬剂，常用的为25%胶悬剂。

③防治对象和使用方法　灭幼脲对鳞翅目害虫有特效。在低龄幼虫期，用25%灭幼脲3号胶悬剂1 500～2 000倍液防治金纹细蛾、刺蛾、天幕毛虫和舞毒蛾等；防治桃蛀果蛾，在成虫产卵初期，幼虫蛀果前，用25%灭幼脲胶悬剂1 000倍液喷雾。残效期长达15～20天，且耐雨水冲刷。

④注意事项　本药剂为胶悬剂，有沉淀现象，使用时一定要摇匀后再对水稀释。不能与碱性农药混用。要贮存在阴凉处。该药药效缓慢，应在初龄幼虫期使用。

2. 氟铃脲（杀铃脲、农梦特）

①性能与特点　该类药剂是一种昆虫几丁质合成抑制剂，能抑制昆虫表皮几丁质的生物合成，使害虫在蜕皮或变态过程中死亡；能导致成虫不育，并有较强的杀卵作用。具有高效、广谱、低毒和对天敌安全等特点，但对蚜虫、螨等刺吸式口器昆虫无效。

②剂　型　5%乳油（氟铃脲、农梦特），20%悬浮剂（杀铃脲）。

③防治对象和使用方法　该药可用来防治果树上的金纹细蛾、桃蛀果虫蛾以及卷叶蛾、刺蛾、桃蛀螟等多种鳞翅目害虫。防治上述害虫时，在卵孵化盛期或低龄幼虫期，喷5%氟铃脲或农梦特乳油1 000～2 000倍液，或20%杀铃脲悬浮剂8 000～10 000倍液，药效可维持20天左右。

④注意事项　对食叶害虫应在低龄期使用，钻蛀性害虫应在产卵末期至卵孵化盛期使用。该药剂无内吸性和渗透性，喷药时要均匀周到。不能与碱性农药混用。

3. 菌毒清(安索菌毒清)

①性能与特点　菌毒清是一种氨基酸类内吸性杀菌剂，有效成分为甘氨酸取代衍生物，杀菌机理是凝固病菌蛋白质，破坏病菌细胞膜，抑制病菌呼吸，使病菌酶系统变性，从而杀死病菌。具有高效、低毒和无残留等特点，并有较好的渗透性，对侵入树皮内的潜伏病菌有一定的铲除作用。可用来防治多种真菌、细菌和病毒引起的病害。

②剂　型　5%水剂。

③防治对象和使用方法　防治苹果树腐烂病等枝干病害，用5%菌毒清水剂30～50倍液。在刮治后的病斑上涂抹2次(间隔7～10天)，效果较好。并有强烈的刺激生长作用，能促进伤口愈合，其愈合效果优于福美胂；病疤复发率较低，和福美胂相当。亦可在早春果树发芽前用5%菌毒清水剂100～200倍液，喷洒树体枝干，药液用量控制在滴水程度，可铲除苹果树腐烂病、苹果干腐病、轮纹病、桃流胶病侵入枝干内的病菌。防治果树根部病害，如由紫纹羽病、白纹羽病及镰刀菌引起的根病，可在春季果树萌芽期和7月份，用5%菌毒清200～300倍液灌根，能控制病害发展。防治葡萄黑痘病，在发病初期用500～600倍液喷雾，连喷3～4次(间隔10天)，效果较好。

④注意事项　该药不能与其他农药混用。低温时易出现结

晶，可用温水隔瓶使其融化，不影响药效。

4. 卡死克

①性能与特点　卡死克是一种酰基脲类昆虫生长调节剂的杀螨、杀虫剂，属高效、低毒药剂。对害虫和螨类具触杀和胃毒作用，主要抑制害虫和螨类表皮几丁质的合成，使其不能正常蜕皮和变态而死亡。该药剂不杀卵，对成螨亦无直接杀伤作用，但可使其寿命缩短，产卵量减少或卵不孵化，孵化出的幼螨亦会很快死亡。药效缓慢，施药后2～3小时害虫、害螨可停止取食，3～5天达高峰。对多种果树害虫亦有较好的防治效果。

②剂　型　5%乳油。

③防治对象和使用方法　卡死克可用来防治果树上的多种害螨和害虫，特别对抗性害螨(虫)有较好的防效。苹果开花前后正是苹果树山楂叶螨和苹果全爪螨幼、若螨集中发生期，用5%卡死克乳油1 000～1 500倍液喷雾，效果较好，药效期较长，并能兼治越冬的棉褐带卷蛾和金纹细蛾。但在夏季害螨各种虫态混合发生时，卡死克不杀卵，亦不能直接杀死成螨，往往当代效果不好，使用浓度应提高到500倍。防治桃蛀果蛾，可在卵果率达0.5%～1%时，喷洒1 000～2 000倍液。

④注意事项　不能与碱性农药混用。和波尔多液的喷药间隔时间为10天左右。对无脊椎水生生物有高毒，不可使它污染水域。苹果和柑橘应在收获前70天和50天停止用药。

5. 扑虱灵(优乐得、噻嗪酮、环烷脲)

①性能与特点　扑虱灵是一种选择性的昆虫生长调节剂，属高效、低毒杀虫剂，对人、畜、植物和天敌安全，主要是触杀和胃毒作用，可抑制昆虫几丁质的合成，干扰新陈代谢，使幼虫、若虫不能形成新皮而死亡。药效缓慢，害虫触药后1～3天才死亡，但持效期长，达30～40天。不杀成虫，但能抑制成虫产卵和卵的孵化。对介壳虫、粉虱、飞虱和叶蝉等害虫有特效，与常规农药无交互抗性。

②剂　型　10%,25%,50%可湿性粉剂;1%,1.5%粉剂;2%颗粒剂;10%乳剂;40%胶悬剂。

③防治对象和使用方法　防治苹果、梨、桃树介壳虫,可在幼、若蚧虫发生盛期,喷25%可湿性粉剂1 500～2 000倍液,药后5天即可显出较好效果。防治柑橘锈螨,可用5 000倍液;防治柑橘全爪螨,用1 200～1 600倍液;防治矢尖蚧、黑点蚧、康氏粉蚧、多角绵蚧及柑橘木虱、粉虱和黑刺粉虱,用2 000～3 000倍液。

④注意事项　本药剂药效缓慢,应稍提前使用。

6. 吡虫啉　吡虫啉在我国的商品名称很多,如海正吡虫啉、一遍净、蚜虱净、大功臣和康复多等。

①性能与特点　吡虫啉是新一代氯代尼古丁杀虫剂,具有广谱、高效、低毒、低残留,害虫不易产生抗性,对人、畜、植物和天敌安全等特点,并有触杀、胃毒和内吸多重药效。害虫接触药剂后,中枢神经正常传导受阻,使其麻痹死亡。速效性好,药后1天即有较高的防效,残留期长达25天左右。药效和温度呈正相关,温度高,杀虫效果好。主要用于防治刺吸式口器害虫。

②剂　型　2.5%和10%可湿性粉剂,5%乳油,20%可溶性粉剂。

③防治对象和使用方法　防治绣线菊蚜、苹果瘤蚜、桃蚜、梨木虱和卷叶蛾等害虫,可用10%吡虫啉4 000～6 000倍液喷雾,或用5%吡虫啉乳油2 000～3 000倍液喷雾。

④注意事项　不能与碱性农药混用,药品应放于阴凉干燥处存放。果品采收前15天停用。

五、矿物源农药

1. 机油乳剂

①性能与特点　机油乳剂是由95%机油和5%乳化油加工制

成的。机油不溶于水，加入乳化剂后，使油全部分散在乳化剂中，成为棕黄色乳油，可直接加水使用。对害虫主要是触杀作用，机油乳剂喷至虫体或卵壳表面后，形成一层油膜，封闭气孔，使害虫窒息死亡。同时机油中还含有部分不饱和烃类化合物，极易在害虫体内生成酸类物质，使虫体中毒死亡。

②剂　型　95%机油乳剂，95%蚧螨灵乳油。

③防治对象和使用方法　在桃芽萌动后，用95%机油乳剂100～150倍液喷雾，可防治桃蚜越冬卵和初孵若虫以及第一代桑白盾蚧若虫。防治日本蜡蚧，于7月上旬若虫盛发期喷布50倍液，隔10天喷一次，连续喷三次。

④注意事项　由于机油的型号和产地不一，质量不同，其所含的蜡质量不一样，加上乳油剂质量上的差异，不同厂家生产的机油乳剂质量差异较大，有的产品施用后会出现落叶，影响花芽分化，导致出现畸形花等药害，污染皮肤产生不适感，因而在施用时选用无浮油、沉淀、浑浊的产品；机油乳剂可以和有机磷、拟除虫菊酯和草甘膦等杀虫、除草剂混用，效果更佳；夏季使用，在不同树种或品种上的药害反应不同，使用前应做小范围试验。

2. 柴油乳剂

(1)性能与特点　柴油乳剂是由柴油和其他乳化剂配制而成。对害虫的作用方式和杀虫机理与机油乳剂相同。

(2)配制与使用方法　根据柴油乳剂黏稠度的不同，将其分为重柴油乳剂和轻柴油乳剂。此外，还有洗衣粉柴油乳剂。

轻柴油乳剂的配制与使用：取轻柴油和水各1升，肥皂60克。配制时，先将肥皂切碎加入热水中溶化，同时将柴油在热水浴中加热到70℃，热至烫手的程度，切勿直接加热，以免失火。把已热好的柴油慢慢倒入热肥皂水中，边倒边搅拌，再用去掉喷水片的喷雾器将配成的乳剂反复喷射两次，即制成含油量48.5%的柴油乳剂。使用时，将原液稀释10倍，于苹果、梨、桃树发芽前喷雾，可防治各种蚜虫、介壳虫和害螨。果树生长期施用，可将原液稀释 100 倍喷雾。

重柴油乳剂的配制与使用：取重柴油 0.5 千克，亚硫酸纸浆废液 0.25 千克，水 9.25 升。配制时，先将柴油和亚硫酸纸浆废液分别放在容器中加热，待其溶化后，把油慢慢倒入亚硫酸纸浆废液中，边倒边搅拌，加完后继续搅拌，直至成稀糊状即成原液。使用时，先用少量温水慢慢倒入原液中，边倒边搅，使之均匀稀释，最后将定量水加入，稍加搅拌即成 5% 重柴油乳剂。该药一般在落叶果树发芽前 20 天左右作直接喷雾，可防治各种蚜虫、梨木虱、介壳虫和害螨等害虫。

洗衣粉柴油乳剂的配制和使用：用 20 型洗衣粉、零号柴油和水，按 0.5∶0.25∶100 的用量，先用少量热水将洗衣粉溶化，把柴油徐徐加入洗衣粉溶液中，并不断搅拌，至油全部被乳化。停止搅拌后液面无油珠出现，再加入全量的水即成。最好的方法是，用两个喷雾器，1 个喷油，1 个喷洗衣粉液，同时喷入第三个喷雾器，并不断搅拌，喷完后加入全量的水后便可应用。此种方法配制的洗衣粉柴油乳剂，质量好，对果树安全性高。零号柴油黏度小，扩散力强，分散速度快，但不能直接施用，因药害严重。洗衣粉呈碱性，乳化和展着性能好，有杀虫作用，如此配制的洗柴乳剂，只能现配现用，可用以防治全爪螨、始叶螨、锈螨和蚜虫以及初孵幼蚧，对树体安全。

(3)注意事项　柴油乳剂和部分有机杀虫剂混用，可提高防治效果。如出现乳化不良时，应适当加些乳化剂。如仍有不溶现象，则不可混用。柴油乳剂对果树易产生药害，尤其在果树生长期使用，除适当降低浓度外，还须对不同树种或品种进行小范围试验后，方能大面积应用。

3. 晶体石硫合剂和石硫合剂

①性能与特点　晶体石硫合剂和石硫合剂，是一种既能杀菌，

又能杀虫、杀螨的无机硫制剂。晶体石硫合剂是用硫黄、石灰和水在金属触媒的作用下，经高温、高压加工合成的固体化新剂型，使用和运输都比较方便。其性能和石硫合剂相同。有效成分是多硫化钙，它有较强的渗透和侵蚀病菌细胞壁和害虫体壁的能力，可直接杀死病菌和害虫。其药液喷洒到植物表面后，在氧、二氧化碳和水的作用下发生化学变化，形成细小的硫黄沉淀，释放出少量硫化氢，具有灭菌、杀虫和保护植物的功能。防治病害主要是保护作用，对人、畜毒性中等，对植物安全，无残留，不污染环境，病虫不易产生抗性。

②剂　型　45%晶体石硫合剂，石硫合剂原液。

③防治对象和使用方法　晶体石硫合剂200～300倍液，可在苹果开花和落花后10天喷雾，防治苹果白粉病。苹果发芽后用晶体石硫合剂150～200倍液防治苹果花腐病。防治苹果树腐烂病可用晶体石硫合剂30倍液，在苹果休眠期喷雾。在果树发芽前可用晶体石硫合剂100倍液防治桃流胶病和缩叶病，葡萄黑痘病和白粉病。在春季用晶体石硫合剂300倍液，可防治柿白粉病。果树生长季节，用0.3～0.5波美度晶体石硫合剂，可防治苹果轮纹病、锈病，山楂花腐病以及多种果树的细菌性穿孔病、白粉病等，并可兼治山楂叶螨、苹果全爪螨等害螨。

商品石硫合剂的原液浓度一般在32波美度以上，农村自行熬制的石硫合剂浓度多在22～28波美度。使用前应先用波美度表测定原液的浓度，然后根据需要的使用浓度加水稀释。稀释倍数的计算公式为：

$$\text{加水稀释倍数}=\frac{\text{原波美度}-\text{需要稀释的波美度}}{\text{需要稀释的波美度}}$$

在果树休眠期和发芽期，用3～5波美度石硫合剂，可防治苹果腐烂病、白粉病、炭疽病、锈病，梨树黑星病，葡萄黑痘病，山楂花腐病，柿炭疽病等，并可防治苹果全爪螨的越冬卵及山楂叶螨的出蛰成螨、葡萄瘿螨、梨潜叶蛾、梨圆蚧、桃树球坚蚧、梨盾蚧、柿树绵蚧和草履虫等害虫。

④注意事项　晶体石硫合剂开袋后要尽快使用，以免潮解。贮存或运输时要防止受潮，并防止阳光直射。稀释用水温度不得超过 30℃。石硫合剂熬制和贮存时，不能用铜、铝容器，但可用铁器和瓷器。晶体石硫合剂和石硫合剂不能与酸性、碱性农药混用。梨树上喷过晶体石硫合剂和石硫合剂后，间隔 10～15 天才能喷波尔多液；喷过波尔多液和机油乳剂后，15～20 天才能喷晶体石硫合剂和石硫合剂，以免发生药害。气温高于 32℃或低于 4℃时，均不能使用本制剂。梨、葡萄、杏等对硫比较敏感，生长期不能使用。该药剂有腐蚀作用，应避免接触皮肤和衣服，药械用完后要及时清洗。

4. 硫悬浮剂

①性能与特点　硫悬浮剂是由硫黄粉经特殊加工而制成的一种胶悬剂，其粘着性好，药效长，耐雨水冲刷，使用方便，长期使用而防治对象不易产生抗性，对人、畜低毒，不污染作物。除对捕食螨有一定影响外，不伤害其他天敌。

②剂　型　45％，50％悬浮剂。

③防治对象和使用方法　防治苹果白粉病，于开花前（芽长到1 厘米左右），嫩叶尚未展开时，用 50％硫悬浮剂 200 倍液喷雾一次，落花 70％～80％时用 300 倍液喷雾一次，重病园在落花后再喷一次 300～400 倍液，可兼治山楂叶螨、苹果全爪螨、苹果锈病、苹果花腐病。防治葡萄、梨白粉病，可在发芽后或发病初期，开始喷 50％硫悬浮剂 200～400 倍液，每 7～12 天喷一次，连喷 2～3次。

④注意事项　气温高于 32℃或低于 4℃时不宜使用。不能与波尔多液、机油乳剂混用，喷过上述药剂后过 15 天，方可喷硫悬浮

剂。桃、梨、杏、葡萄对硫黄敏感,使用时应降低浓度和施药次数,并要避免在果实成熟期使用。本药剂长期贮存会出现分层现象,使用时要注意摇匀,再加水稀释。要在阴凉干燥处贮存,并要远离火源。

六、高效、低毒、低残留合成农药

1. 多虫清

①性能与特点　本品是由拟除虫菊酯(4%氯氰菊酯)和有机磷(40%克虫磷)农药复配的杀虫剂。杀虫谱广,击倒力强,特别对鳞翅目幼虫、成虫和卵,具有较好的杀灭效果,并有较强的渗透性。对人、畜低毒,对蚕、鱼类和蜜蜂高毒。

②剂　型　44%乳油。

③防治对象和使用方法　防治桃树上蚜虫,用44%乳油1 500～2 000倍液喷雾。防治果树食心虫、卷叶蛾与舞毒蛾等,用1 000～1 500倍液喷雾,残效期15天左右。

④注意事项　不能与碱性农药混用。喷药时要远离桑园、鱼塘及蜜蜂养殖场。采收前15天要停用该药。

2. 农螨丹

①性能与特点　农螨丹是用尼索朗和灭扫利混配的低毒杀虫杀螨剂,杀虫谱广,可兼治害螨和害虫,具触杀和胃毒作用,对害螨各虫态都有效,且速效性强,持效期长,达50～60天。

②剂　型　7.5%乳油。

③防治对象和使用方法　对苹果树山楂叶螨、苹果全爪螨,在开花前后,害螨发生初盛期,平均单叶有螨3～4头时防治,用7.5%农螨丹乳油1 000～1 500倍液均匀喷雾,对卵、幼螨、若螨和成螨均有效,持效期达50天左右。防治桃蛀果蛾,于卵盛期、卵果率达1%时,喷洒农螨丹7.5%乳油500～750倍液,10～15天喷

一次，连喷 2～3 次。

④注意事项　不可与碱性农药混用，配药和喷药要远离桑园、蜂场和鱼池等。

3. 代森锰锌（喷克、大生 M-45、新万生）

①性能与特点　代森锰锌、喷克、大生 M-45 和新万生，均为代森锰和锌离子的络合物，属于有机硫类保护性杀菌剂。它可抑制病菌体内丙酮酸的氧化，从而起到杀菌作用。具有高效、低毒、杀菌谱广、病菌不易产生抗性的特点，且对果树缺锰、缺锌症有治疗作用。

②剂　型　70%，80%代森锰锌可湿性粉剂；80%喷克、大生 M-45、新万生可湿性粉剂。

③防治对象和使用方法　在果树发病前和发病初期，用 70%或 80%代森锰锌或喷克、大生 M-45、新万生的 600～800 倍液，防治苹果斑点落叶病、轮纹病、炭疽病、锈病、霉心病，梨黑星病，桃细菌性穿孔病，葡萄霜霉病和黑痘病等。每 15 天喷一次，可与其他杀菌剂交替使用，共喷 3～5 次。

④注意事项　不能与碱性或含铜农药混用。对鱼有毒，不可污染水源。

4. 843 康复剂

①性能与特点　843 康复剂是由腐殖酸、中药材和化学药剂等复配而成的一种杀菌剂。该制剂具有保护树体，不烧伤皮下组织，增强树体内营养输导和促进愈合的能力，复发率低等特点，是一种高效、低毒、低残留的杀菌剂。

②剂　型　4%水剂，2%乳油。

③防治对象和使用方法　843 康复剂主要用于防治苹果、梨、桃等多种果树的枝干病害。如防治苹果、梨、桃等果树腐烂病，在彻底刮除病斑后，用毛刷将 843 康复剂均匀地涂抹在病斑上，10～15 天再涂一次。涂抹后 20～40 天伤口开始愈合，并长出新的组

织。亦可用作整枝修剪时的封口剂。在修剪后的果树伤口上用843康复剂进行涂抹，既可以预防腐烂病病菌的侵染，又能加速果树伤口的愈合速度。

④注意事项　不能与碱性农药混用。

5. 多菌灵硫黄胶悬剂（灭菌威、多硫悬浮剂、多硫胶悬剂）

①性能与特点　本剂为多菌灵和硫黄的复配剂，集内吸和保护性杀菌剂于一体，提高了药效，扩大了杀菌谱和应用范围。本剂对人、畜基本无毒，对环境比较安全。本剂内吸作用和粘着力特强，耐雨水冲刷，施药后4～6小时下小到中雨，仍能保持药效，且药效比较持久。

②剂　型　40％多菌灵胶悬剂。

③防治对象和使用方法　该药剂能防治柑橘、桃等多种果树的疮痂病、炭疽病和褐腐病等多种病害。

6. 复方多菌灵

①性能与特点　本品为24％多菌灵和4％井冈霉素的混合剂。对人、畜低毒，具保护和治疗作用。

②剂　型　28％复方多菌灵。

③防治对象和使用方法　每年春、夏季，对刮过的苹果树腐烂病病疤，涂28％复方多菌灵悬浮剂10～20倍液，防治病疤复发有较好效果。苹果轮纹病，于病菌侵染期喷洒28％复方多菌灵400～500倍液3～5次，防治效果较好。

④注意事项　本品可与一般杀菌剂混用，但与杀虫剂、杀螨剂混用时应随配随用；不能与铜制剂混用。稀释药液暂时不用，静止后会出现分层现象，可摇匀后施药。作业时注意劳动保护，不要抽烟和饮食，避免污染手、脸及皮肤等处，结束后应及时清洗被污染部位。施药后，要及时清洗使用过的器具，包装物及废液应妥善处理。药剂应密封贮于阴凉干燥通风处。

七、其他杀虫、杀菌、杀螨剂

1. 抗蚜威(辟蚜雾)

①性能与特点　抗蚜威是一种专性杀蚜剂，对害虫具有触杀和熏蒸作用，并能渗透到叶片组织内，杀死叶片背面的害虫。对人、畜毒性中等，对鱼类、水生生物、鸟类和蜜蜂有低毒，不伤害天敌，对作物安全。具有较高的抑制害虫体内胆碱酯酶的活性，对蚜虫有特效，击倒力强，施药后蚜虫数分钟后即中毒死亡，并能有效防治对有机磷农药产生抗性的各类蚜虫。

②剂　型　25%辟蚜雾水分散粒剂，50%抗蚜威可湿性粉剂。

③防治对象和使用方法　防治包括桃树在内的果树上的各类蚜虫，可在盛发期用25%辟蚜雾水分散粒剂1 000倍液喷雾，或用50%抗蚜威可湿性粉剂2 000倍液喷雾，残效期5～7天。

④注意事项　该药剂可与多种杀虫剂、杀菌剂混用。气温在20℃以上时喷药杀虫效果较好。其药液不要在阳光下直晒，应现配现用。采果前7～10天停用。

2. 乐斯本(毒死蜱)

①性能与特点　乐斯本是一种广谱性有机磷杀虫剂，是取代高毒农药对硫磷的产品。对害虫主要有触杀、胃毒和熏蒸作用，无内吸性能，对人、畜毒性中等，对鱼类等水生生物和蜜蜂毒性较大。

②剂　型　48%乳油。

③防治对象和使用方法　在害虫卵孵化盛期或低龄幼虫期，用48%乐斯本乳油1 000～2 000倍液喷雾，可防治包括桃树在内的果树上的桃蛀果蛾、苹小食心虫、棉褐带卷蛾、梨网蝽、苹果绵蚜、梨圆蚧、球坚蚧和葡萄东方盔蚧等害虫，亦可在桃蛀果蛾越冬幼虫出土期，用48%乐斯本乳油500倍液，在树盘地表喷洒，杀灭出土幼虫。

④注意事项　不能与碱性农药混用。采收前30天停用。该药对鱼类及蜜蜂高毒，使用时应注意。

3. 辛硫磷（倍腈松、肟硫磷）

①性能与特点　辛硫磷是一种广谱、低毒、低残留有机磷杀虫剂。杀虫谱广，速效性好，残效期短，遇光易分解。对鳞翅目害虫的大龄幼虫和土壤害虫防治效果较好，并能杀死虫卵和叶螨。对人、畜毒性低，对鱼类、蜜蜂和天敌高毒。对害虫以触杀和胃毒作用为主，无内吸性，但有一定的熏蒸作用和渗透性。它能抑制害虫胆碱酯酶的活性，使其中毒死亡。在叶面喷雾残效期仅有3～5天，但在土壤中可达30天以上，以后被土壤微生物分解，无残留。

②剂　型　50%乳油，25%微胶囊水悬剂，3%和5%颗粒剂。

③防治对象和使用方法　用50%辛硫磷乳油1000～1500倍液喷雾，可防治食心虫、卷叶蛾、毛虫、刺蛾、叶蝉、飞虱和蚜虫等果树害虫。用25%辛硫磷微胶囊200～300倍液，于桃蛀果蛾越冬幼虫出土始盛期和盛期，在树盘下地面均匀喷洒，随后浅锄，防治效果较好。

④注意事项　该药剂遇光极易分解失效，故应避免在中午强光下喷药，而以在傍晚或阴天喷药较好。药剂应贮存于阴凉避光处，不能与碱性农药混用。大豆、玉米、高粱、瓜类以及十字花科蔬菜对辛硫磷敏感，如果园内及其周围有这些作物要慎用。

4. 马拉硫磷（马拉松、马拉赛昂）

①性能与特点　马拉硫磷是一种高效、低毒、广谱有机磷类杀虫剂。具有触杀和胃毒作用，也有一定的熏蒸和渗透作用，对害虫击倒力强，但其药效受温度影响较大，高温时效果好。对人、畜低毒，对作物安全，对鱼类有中毒，对天敌和蜜蜂高毒。残效期短。

②剂　型　50%乳油。

③防治对象和使用方法　用50%马拉硫磷乳油1000倍液喷雾，可防治苹果、梨、桃树上的刺蛾、卷叶蛾、食心虫、介壳虫和毛虫

等害虫，对叶蝉有特效。

④注意事项　不能与碱性农药混用。对高粱、瓜果类和梨、葡萄、樱桃等一些品种，易发生药害，应慎用。本品易燃，在贮存过程中严禁烟火。采果前10天停用。

5. 甲基托布津(甲基硫菌灵)

①性能与特点　甲基托布津是有机杂环类内吸性杀菌剂，兼有保护和治疗作用。可向顶部传导，内吸作用好于多菌灵。甲基托布津被植物吸收后，即转化成多菌灵。它主要干扰病菌菌丝形成，影响病菌细胞分裂，使细胞中毒，孢子萌发长出的芽管畸形，从而杀死病菌，对人、畜、鸟类低毒，对作物、蜜蜂与天敌安全。

②剂　型　70%可湿性粉剂。

③防治对象和使用方法　甲基托布津是广谱性杀菌剂。用70%甲基托布津可湿性粉剂800～1 500倍液喷雾，可防治包括桃树在内的果树的苹果轮纹病、炭疽病、霉心病、白粉病、梨轮纹病、黑星病，葡萄黑痘病、炭疽病和灰霉病等。

④注意事项　不能与碱性农药和含铜制剂混用。避免单一使用。要与其他杀菌剂交替使用，但不可和多菌灵、本菌灵交替使用。

6. 多菌灵(苯并嘧唑44号、棉萎灵)

①性能与特点　多菌灵是一种高效、低毒、广谱、内吸性杀菌剂，其性能和特点同甲基托布津。

②剂　型　25%和50%可湿性粉剂，40%胶悬剂。

③防治对象和使用方法　防治对象同甲基托布津，使用浓度为50%多菌灵可湿性粉剂600～800倍液喷雾。但对梨黑星病、苹果斑点落叶病等已经产生抗性的病害不要使用。

④注意事项　同甲基托布津。

7. 百菌清

①性能与特点　百菌清属于取代苯类的非内吸性广谱杀菌

剂，兼有保护和治疗作用，具有一定的熏蒸作用。它主要是破坏真菌细胞中酶的活力，干扰新陈代谢，从而使病菌丧失生命力。对人、畜低毒，对鱼类毒性大，对家蚕安全，耐雨水冲刷，持效期长。

②剂　型　75%可湿性粉剂。

③防治对象和使用方法　用75%可湿性粉剂600～800倍液，防治桃与苹果的炭疽病、轮纹病、早期落叶病、白粉病，葡萄白粉病和黑痘病等。喷药间隔时间为10～15天。

④注意事项　不能与石硫合剂、波尔多液等碱性农药混用。梨、柿树上使用易发生药害，应慎用。苹果落花后20天喷药，幼果易生果锈，应注意。该药无内吸作用，喷药要均匀周到。药剂不得污染水塘、鱼池和河流等水面。

8. 速螨酮（哒螨灵、扫螨净、杀螨灵）

①性能与特点　速螨酮是一种高效、广谱有机磷类杀螨、杀虫剂。对害螨的卵、若螨、幼螨及成螨均有较强的杀伤力，药效迅速，持效期长达30～50天，耐雨水冲刷，杀螨效果不受温度影响。并可兼治粉虱、叶蝉、蚜虫、介壳虫、蓟马等多种果树害虫。毒性中等，对作物安全，对天敌毒性低，但对鱼类有高毒。

②剂　型　10%，15%乳油，20%可湿性粉剂。

③防治对象和使用方法　用20%速螨酮可湿性粉剂3 000～4 000倍液喷雾，可防治苹果、桃、梨、葡萄、山楂等果树上的山楂叶螨、苹果全爪螨等害螨。用20%速螨酮1 000～2 000倍液，可防治叶蝉、蚜虫、蓟马等果树害虫。

④注意事项　不能与波尔多液等碱性农药混用或接近使用。该药无内吸性，喷药时一定要均匀周到，正反叶面都要接触药剂。避免污染水源和在蜜蜂采蜜期使用。采果前30天要停用。

9. 螨死净（阿波罗、四螨嗪）

①性能与特点　螨死净是一种具有高度活性的专用杀螨剂。对害螨的卵和幼、若螨均有较高的杀伤能力，虽不杀成螨，但可显

著降低雌成螨的产卵量，并使产下的卵大部分不能孵化，孵化的幼螨也会很快死亡。药效缓慢，药后7天才能明显看出防治效果。对人、畜低毒，对天敌和植物安全，持效期达50天左右。对温度不敏感，四季皆可使用。

②剂　型　20%，50%悬浮剂。

③防治对象和使用方法　春季使用效果较好，可在山楂叶螨、苹果全爪螨集中发生期，喷洒20%螨死净悬浮剂2 000～3 000倍液，或50%悬浮剂5 000～6 000倍液，施药一次即可有效控制螨量。夏季使用，如成螨数量大，应在螨死净中混加对成螨有速效的杀螨剂（如速螨酮、克螨特），既能杀成螨，又能杀灭其他虫态。

④注意事项　不能与波尔多液、石硫合剂等碱性农药混用，但可与其他杀虫、杀菌剂混用。螨死净和尼索朗有交互抗性，在长期使用过尼索朗的果园不要使用。本剂为悬浮剂，有分层现象，喷前要摇匀。

10. 尼索朗（噻螨酮）

①性能与特点　尼索朗是一种专用杀螨剂。主要是触杀和胃毒作用，无内吸性，但有较强的渗透能力，耐雨水冲刷。对螨卵和幼、若螨杀伤力极强，不杀成螨，但能显著抑制雌成螨所产卵的孵化率。对人、畜低毒，对蜜蜂和天敌安全，可与多种杀虫、杀螨剂混用，亦可与波尔多液、石硫合剂等碱性农药混用。对温度不敏感，在不同温度下使用效果无差异。药效慢，药后7天才有明显效果。残效期长达50天左右。一般在早春使用一次即可控制全年螨害。

②剂　型　5%乳油，5%可湿性粉剂。

③防治对象和使用方法　在害螨产卵盛期和幼、若螨集中发生期，用5%尼索朗乳油或可湿性粉剂1 000～2 000倍液均匀喷雾，残效期可维持60天左右。如成螨较多，可混加杀成螨效果较好的杀螨剂。

④注意事项　该药无内吸性，喷药要均匀周到。在枣树上喷